А.У. ИГАМБЕРДИЕВ

ЛОГИКА ОРГАНИЗАЦИИ ЖИВЫХ СИСТЕМ

Lulu Publishing Services

Игамбердиев Абир Убаевич. Логика организации живых систем. Воронеж: Издательство Воронежского университета, 1995. ISBN 5-7455-0785-3

Переиздано в 2016 г. в Канаде: Lulu Publishing Services.
ISBN: 978-1-365-44069-4

Рецензенты:

Доктор биологических наук, профессор Л.В. Белоусов (биологический факультет Московского государственного университета)

Доктор биологических наук, профессор С.Э. Шноль (Институт теоретической и экспериментальной биофизики РАН)

О книге

В монографии анализируются подходы к формированию теоретической биологии, осмысливается взаимосвязь биологии как с физикой и химией, так и с областями знания, традиционно относящимся к гуманитарным (психология, семиотика). Разрабатываются логические принципы теоретической биологии, анализируется логика функционирования живых систем и логика их описания. В конечном итоге рассматривается вопрос – каково место явления жизни во Вселенной. Издание предназначено для философов, биологов, студентов, аспирантов, всех интересующихся философскими вопросами естествознания.

"Стало уже тривиальным говорить о характерных для нашего времени глубинных сдвигах не только в научном мировоззрении, но и в более общем, затрагивающим самые основы культуры, отношении человека к окружающему миру и к самому себе... Российские мыслители были одними из первых, кто еще в начале века поднял и серьезно обсуждал эти проблемы, но затем эта линия мысли в нашей стране практически угасла или стала достоянием непрофессионалов и выражалась на весьма низком уровне.

На мой взгляд, книга А.У. Игамбердиева – одна из первых в нашей стране, возобновляющая разговор на эти темы. Будучи по специальности биологом, автор обладает редким для специалиста научным и философским кругозором, позволяющим ему сопрягать самые, казалось бы, разные проблемы и уровни рассмотрения. В сущности, перед нами – книга о целостности, причем не только в живой природе как таковой, но и в психической и ментальной сферах, да и во всей Вселенной".

*Доктор биологических наук,
профессор МГУ Л.В. Белоусов*

СОДЕРЖАНИЕ

ПРЕДИСЛОВИЕ

Вопрос формирования теоретической биологии в последнее время обсуждается весьма широко. Представляется очевидным, что построение биологии как теоретической науки по аналогии с теоретической физикой едва ли можно признать реальным. В двойственности биологии, ее антиномичности (в смысле старой антиномии "тело – душа") и состоит трудность оформления ее как теоретической науки.

Целостность биологического объекта – одна из самых существенных его характеристик, и ее осмысление является центральной проблемой в описании биологических систем. При этом наиболее явно обнаруживается ограниченность редукционистского подхода к описанию системы. В то же время концепции, абсолютизирующие целостность биологического объекта и отрывающие это свойство от реального функционирования организма в окружающей среде, приводят к тупику. Поэтому весьма актуален анализ проблемы целостности в биологии с рационалистических позиций. Целостность биологического объекта реализуется на всех уровнях его структурно-функциональной организации.

Рациональная интерпретация целостности может послужить основой для теоретического осмысления функционирования биологических систем. В данной работе мы пытаемся разработать исходные принципы формирования биологии как теоретической науки и осмыслить ее взаимосвязь как с физикой, так и с областями знания, традиционно относящимися к гуманитарным (психология, семиотика). Основная задача при этом – разработать логические принципы теоретической биологии, выяснить логику организации биосистем и логику их описания. В конечном итоге мы пытаемся осмыслить вопрос – каково место явления жизни в мироздании, во Вселенной.

Глава 1

ФИЗИЧЕСКИЕ ОСНОВАНИЯ ОРГАНИЗАЦИИ БИОЛОГИЧЕСКОЙ СИСТЕМЫ

1.1. КВАНТОВО-МЕХАНИЧЕСКИЕ ОСНОВЫ ОРГАНИЗАЦИИ БИОСИСТЕМЫ

Организация биологической системы прежде всего базируется на надежности переноса информации, которая определяется особенностями функционирования биологических макромолекул и их комплексов. Рассматривая эти особенности, необходимо в первую очередь отметить высокую специфичность молекулярно-биологических процессов, что существенно отличает их, например, от химического катализа. Прежде всего это имеет место в случае ферментов, эффективно катализирующих строго определенные реакции. Рассматривая биологические макромолекулы и их комплексы как молекулярные машины, необходимо иметь в виду, что машина – устройство для транспортировки энергии без больших потерь. Специфичность биомакромолекул к строго определенным взаимодействиям получает свое обоснование именно в факте малой диссипации энергии при их работе, что и обеспечивает возможность регистрации сигналов, энергетически не выделяющихся из окружающего шума.

Работа молекулярных машин на квантовом уровне была впервые проанализирована Б. Греем и И. Гондой (Gray, Gonda, 1977). Недостатком их модели является ее низкая энергетическая эффективность. Поэтому ее усовершенствование должно заключаться именно в объяснении факта малой диссипации энергии при работе биологических макромолекулярных систем.

Элементарным актом биоэнергетических процессов в настоящее время представляется конформационная релаксация макромолекулярной системы. Быстрый квантовый эффект (например, захват электрона макромолекулой) всегда сменяется медленным конформационным переходом. При этом, согласно идеям Э.С. Бауэра (1935) , легшим в основу его представлений об «устойчивом неравновесии» и впоследствии подробно развитым Л.А. Блюменфельдом (1977), энергия, освобождающаяся в ходе первичного взаимодействия, не диссипирует, но обусловливает конформационный переход – своего рода механическое движение макромолекулы. Это движение всегда на много порядков длительнее первичного квантового эффекта и может достигать нескольких секунд. Скорость всего биоэнергетического процесса определяется именно скоростью конформационного перехода. При таком переходе энергия не диссипирует, но сохраняется достаточно долгое время, чтобы далее пойти на выполнение полезной работы.

Перенос электронов белками электрон-транспортной цепи, поглощение квантов света пигмент- белковыми комплексами и ферментативный катализ имеют то общее, что элементарный акт этих процессов заключается в конформационном изменении макромолекулы. Конформационная релаксация возникает только вследствие действия силы, которая переводит систему в новое конформационное состояние, т.е. только после появления неравновесного состояния, возникающего в результате быстрое взаимодействия. Но что особенно характерно для биологических макромолекулярных комплексов и что определяет их высокую специфичность, это тот факт, что конформационный переход имеет место при действии строе определенных сил. Так, специфичность фермента должна быть связана с "узнаванием" им конфигурации электронных облаков в строго определенных соединениях. Действие фермента предлагается при этом рассматривать как трансформацию энергии электрона в кулоновскую энергию заряженных ионов, что служит первичным процессом каталитического акта (Green, Vande Zande, 1981). В связи с этим ферментативный катализ предстает как проблема обнаружения строе определенных электронных состояний и подлежит квантово-механическому описанию.

Анализ условий обнаружения малых сил был подробно дан В.Б. Брагинским и др. (1981). Были рассмотрены условия таких взаимодействий квантовой системы и макроскопического измерительного устройства, при которых могут регистрироваться строго определенные слабые сигналы и эта регистрация будет в существенной степени невозмущающей (не разрушающей первоначальное состояние измеряемой системы), что обеспечивает высокую точность и, главное, определенность результата измерения. Было также показано, что чувствительность детекторов определяется процессами релаксации в них, и выделен целый класс квантовых измерений (названных невозмущающими или неразрушающими), характеризующихся малой диссипацией энергии. Квантово-механический анализ, проведенный В.Б. Брагинским и Ю.И. Воронцовым (1974), показывает, что измерение может быть до известной степени невозмущающим, т.е. сопровождаться малой диссипацией энергии, если время релаксации макроскопического осциллятора τ^* намного больше времени измерения τ'. В этом случае собственные флуктуации осциллятора не будут маскировать действия обнаруживаемой малой силы. Иными словами, изменение состояния макроскопическом осциллятора может быть преобразовано в высокочастотный сигнал без потери информации, если время релаксации много больше времени первичного квантового взаимодействия.

Согласно проведенному анализу, минимальная обнаруживаемая величина амплитуды силы для гармоническом осциллятора в n-квантовом состоянии равна

$$F_{0,min} = \zeta(1/\tau')(4m\hbar\omega/n_0)^{1/2}$$

где ζ – некоторый коэффициент, зависящий от достоверности обнаружения; n_0 – собственное значение, соответствующее энергии E_0 осциллятора (осциллятор должен находиться в состоянии с заданной энергией); m – масса; ω – частота колебаний измеряемой системы; $\hbar$ – постоянная Планка.

Собственные флуктуации осциллятора не будут маскировать действия этой силы, если выполняется неравенство

$$(\tau'/\tau^*) \cdot 2n_T n_0 \leq 1$$

В этом неравенстве $n_T = (e^{\hbar\omega/kT} - 1)^{-1}$, где k – постоянная Больцмана; T – абсолютная температура. Минимум диссипации энергии при измерении определится как $\Delta E_{min} \approx 2kT\,(\tau'/\tau^*)$ при начальной амплитуде колебаний осциллятора, равной нулю.

Поскольку биомакромолекулы функционируют не вблизи абсолютного нуля, а при T~300 K, из данных выражений следует, что для обеспечения квантовонеразрушающего измерения время релаксации должно быть на много порядков выше времени измерения. И действительно, для электронпереносящих белков и ферментов отношение (τ'/τ^*) составляет $10^{-10} - 10^{-15}$. Биологические макромолекулы работают очень медленно (Шноль, 1985), и это может быть объяснено исходя из условия малой диссипации энергии при конформационной релаксации, определяющего высокую специфичность взаимодействия. Новое взаимодействие может возникать через определенный интервал времени, определяемый параметрами конформационной релаксации макромолекулы. Длительность конформационной релаксации обеспечивается, в частности, большими размерами макромолекул и строением, обусловливающим малую частоту их колебаний. Макромолекулы представляют собой системы, работающие с малой диссипацией энергии, за что приходится "платить" медленной скоростью элементарного акта.

Как нам представляется, условия работы регистрирующих физических измерительных устройств, например гравитационных антенн, определенные В.Б. Брагинским и др. (1981), имеют первостепенное значение для объяснения организации биологической системы. Так, при невыполнении условий квантовых невозмущающих измерений фермент не мог бы направлять реакцию по определенному пути и имело бы место отсутствие строгой специфичности. Условие минимума диссипации приобретает особое значение в катализе наиболее трудно осуществимых с точки зрения термодинамики реакций. Если же реакции сравнительно легко идут и в отсутствие фермента, это требование не оказывается столь существенным и конформационная релаксация происходит быстрее (примеры: карбоангидраза, каталаза, уреаза).

Важным условием работы макроскопического осциллятора с минимальной диссипацией энергии является значение его теплопроводности, которая в квантовых измеряющих устройствах может определять потери энергии. В случае биомакромолекул минимум диссипации энергии может обеспечиваться наличием мобильных протонных состояний. Как было показано, действие малых сил можно обнаружить, если с помощью параметрических связей преобразовать их в высокочастотные кванты в электромагнитном осцилляторе (Braginsky et al., 1980). Л.А. Блюменфельд (Blumenfeld, 1983) отмечает, что в ходе ферментативного катализа и электронного переноса энергия электрона может трансформироваться без тепловыделения в энергию когерентного вибрационного движения. Иначе говоря, макромолекула функционирует как квантовый генератор, в котором переход между уровнями сопровождается возбуждением когерентных электромагнитных осцилляций.

Когерентные колебания положены в основу объяснения функционирования биологических систем Х. Фрелихом (Fröhlich, Kremer, 1983). Когерентные осцилляции не есть электронные осцилляции, они представляют собой вибрации ядерных подсистем, связанных с электронными подсистемами электрон-фононными взаимодействиями. Подобные внутримолекулярные локальные возбуждения (своего рода внутримолекулярная сверхпроводимость) привлекаются рядом авторов для объяснения ферментативного катализа, для транспорта протона в АТФ-синтетазе и др. (Somogyi et al., 1984; Tomchuk et al., 1985).

Конформационная релаксация самого осциллятора – процесс медленный, при этом внутри осциллятора появляются возбуждения в виде квазичастиц. Выброс протонов при работе электрон-транспортной цепи в связи с этим представляется следствием конформационной релаксации. В случае ферментативных реакций локальными протонными помпами могут служить α-спиральные участки молекулы, сопряженные с активным центром фермента. Благодаря универсальной роли мобильных протонных состояний фермент действует как осциллятор, осуществляющий циклические конформационные переходы в процессе реакции.

Во всех исследованных электрон-переносящих белках существуют раздельные пути транспорта протона и электрона внутри макромолекулы. Выброс протонов при функционировании электрон-транспортной цепи митохондрий также рассматривается как следствие конформационной релаксации. Конформационными колебаниями могут быть объяснены и некоторые экспериментальные эффекты, например осцилляции в низкочастотной области (29 см$^{-1}$), обнаруженные методом лазерной спектроскопии в препаратах химотрипсина и пепсина (Brown et al., 1972). При этом утрата каталитической активности влекла за собой исчезновение осцилляций. Медленно релаксирующие конформационные флуктуации, сопровождающиеся разрывом водородных связей третичной структуры, являются необходимым этапом в динамике белка (Девятков и др., 1987). Макроскопические флуктуации ферментативной активности, открытые и изучаемые С.Э. Шнолем (1985), вполне вероятно, связаны с этими же процессами. Е.В. Абрашин (1985) трактует их как проявление биений в системе протонных магнитных моментов, взаимодействующих посредством косвенной ядерной связи.

Квантово-механические аспекты фермент-субстратных взаимодействий экспериментально исследовались в работах С. Коморосана (Comorosan, 1976). Его весьма трудно интерпретируемые с точки зрения общепринятых представлений опыты показали, что время освещения субстрата монохроматическим светом (эффективнее всего при длине волны 546 нм) влияло на скорость протекания ферментативной реакции. С. Коморосан вводит временные интервалы t и τ, указывающие соответственно на время, необходимое для первоначальной активации, и на временной промежуток, за который активация возобновляется. Оказалось, что ферменты, участвующие в одном метаболическом пути, имеют сходные значения t и τ, а изоферменты одном фермента, участвующие в различных метаболических путях, могут иметь сильно различающиеся значения данных временных промежутков. Изменения в субстрате, вызываемые освещением монохроматическим светом, не регистрируются обычными измерительными приборами, и можно сказать, что фермент как "измеряющая молекула" вычленяет новые характеристики из пространства возможных состояний субстрата.

Предполагалось, что работа С. Коморосана экспериментально подтверждает теоретические представления Р. Розена (Rosen, 1977a,b), который предложил, исходя из положений квантово- механической теории измерения, метод идентификации наблюдаемых величин у систем, вовлеченных в динамические взаимодействия. Этот метод основывается на том, что состояние системы наблюдается не прямо, а через изменение состояния другой системы, находящейся в динамическом взаимодействии с первой. При этом вторая система вычленяет наблюдаемые состояния первой системы, которые нельзя было вычленить методом прямого наблюдения. Р. Розен отмечает, что динамическое взаимодействие между двумя системами S и S', взятое вместе с нашей собственной способностью наблюдать S, предполагает для нас новое описание S'. Данные представления, по мнению автора, могут иметь глубокие следствия. В частности, в противовес господствующим в молекулярной биологии идеям редукционизма, это означало бы, что не биология будет поглощена физикой, но физика скорее может быть в значительной степени расширена биологией.

Работа макромолекулярных систем как осцилляторов для общего описания динамики и трансформации биосистем позволяет использовать язык взаимодействующих связанных осцилляторов с разной частотой и коэффициентами связи. Истоки такого подхода заложены в работах А. Пуанкаре (1983). В биологических системах осцилляторами являются метаболические циклы и макромолекулярные комплексы, их осуществляющие. В этих терминах динамика и трансформация биосистем – это блуждание по резонансам, и устойчивым оказывается такой участок резонанса, на котором циклы временно синхронизированы.

Таким образом, феномен устойчивого функционирования биологической системы и ее гомеостаз, связанный со специфичностью биомакромолекул и надежностью переноса информации, получает объяснение в рамках концепции квантовых невозмущающих измерений. Длительность конформационного перехода и возникновение мобильных протонных состояний являются условиями оптимальной работы биологических макромолекул (в первую очередь белков), определяющими малую диссипацию энергии в ходе конформационной релаксации и устойчивость неравновесного состояния в ответ на внешнее воздействие, что обусловливает надежность функционирования биологической системы. При этом оптимальность соотношения длительности интервала конформационной релаксации и величины диссипации энергии должна определяться конкретными условиями и в известной степени контролироваться естественным отбором.

1.2. ФИЗИЧЕСКИЕ ПРЕДПОСЫЛКИ ЦЕЛОСТНОСТИ БИОЛОГИЧЕСКОЙ СИСТЕМЫ

Адекватная формализация квантовых измерений оказалась возможной в фейнмановской (траекторной) интерпретации квантовой механики. Вместо пространства точек, характеризующего вероятность нахождения частицы, предлагается анализировать пространство путей, ведущих в эти точки. Амплитуда вероятности перехода системы из точки x в точку x' за время τ равна интегралу по путям, соединяющим эти точки, берущемуся по множеству I (x', x) путей, параметризованных интервалом времени [0,τ]:

$$A(x',x) = \int d\{x\} e^{(i/\hbar)S\{x\}},$$

где S{x} – интеграл действия, вычисленный вдоль данного пути, а ℏ – постоянная Планка.

Интеграл A(x',x) будет, например, описывать амплитуду вероятности перехода электрона из одной точки в другую в пределах молекулы субстрата при отсутствии фермента. В присутствии фермента происходит редукция этого множества путей до некотором подмножества

$$I_\alpha (x',x) = I_\alpha \cap I (x',x)$$

При этом амплитуда перехода частицы из одной точки в другую будет вычисляться с помощью интеграла

$$A(x',x) = \int d\{x\} \, \rho_\alpha\{x\} \, e^{(i/\hbar)S\{x\}}$$

где $\rho_\alpha\{x\}$ – некоторая неотрицательная функция, характеризующая изменение распределения вероятностей функции состояния электрона под действием фермента. Если она равна единице на множестве Iα и нулю вне его, то это будет идеальный случай, соответствующий измерению без диссипации. В случае реальных систем она будет приобретать конкретный вид в соответствии с вероятностным фактором реакции, связанным с ориентацией групп, синхронизацией частоты атомных вибраций и т.д..

Приведенные рассуждения, как нам представляется, обосновывают идеи С.Э. Шноля (1979) о том, что ферменты определяют маршрут, по которому направляется ход реакции в соответствии с граничными условиями, налагаемыми ферментом. Это приводит к тому, что некоторые положения частицы оказываются запрещенными ($\psi(x) = 0$), а в интервале координат, задаваемых активным центром, новая волновая функция совпадает со старой. Попадая в "коридор" путей, определяемый координатами, которые задаются ферментом, электрон претерпевает эволюцию. Некоторые ранее вероятные траектории движения электрона в молекуле субстрата отбрасываются, другие становятся более вероятными. Это приводит к перераспределению электронной плотности и к внутренней поляризации молекулы. Происходит также разделение протон-электронных пар, и последующее протекание ферментативной реакции уже обусловлено тем, что энергия электрона перешла в энергию кулоновских сил разноименных зарядов. В результате имеет место векторное движение заряженных катионов и анионов, завершающееся образованием продуктов реакции.

Функция $\rho_\alpha\{x\}$ в нашем случае описывает эволюцию квантовомеханической системы под действием фермента. Интересно отметить, что ей нельзя сопоставить никакого гамильтониана и для нее нельзя записать дифференциального уравнения типа уравнения Шредингера (Менский, 1983). Ситуация оказывается аналогичной той, которая имеет место для соотношения неопределенностей Гейзенберга "энергия – время". Впервые на невозможность формулирования гамильтониана при переносе информации в биологических системах указал Р. Розен (Rosen, 1960). Очевидно, динамика системы уже не будет описываться локально во времени и редукция не может быть формализована с помощью уравнения Шредингера. Появляется новое представление о времени, в котором необратимость эволюции системы определяется уже самим фактом наличия редукции квантово-механической функции состояния.

Как указывает К. Матсуно (Matsuno, 1992), генерация биологической информации предстает как нарушение симметрии гамильтониана, имеющее место при взаимодействии динамики биосистемы с окружающей средой. Оно обусловлено квантовым измерением, с которым связана необратимость процесса нарушения симметрии.

Свойства специфического узнавания и возможность модуляции конформационной структуры биомакромолекул

16

определяют возможность их интеграции в сложные системы с когерентными функциями. У биомакромолекул, и прежде всего ферментов, эти свойства являются следствием квантово-механических особенностей их функционирования. В результате макромолекулы образуют сложные функциональные системы, взаимодействующие между собой. Малая диссипация энергии при конформационной релаксации биомакромолекул определяет возможность нелокального переноса протонов и электронов на большие расстояния по метаболическим сетям. Для такого переноса весьма существенна структурная диссимметрия белковых молекул.

Таким образом, специфика функционирования биологических систем получает обоснование в рамках квантово-механической теории измерения, однако есть еще один важнейший аспект, связанный с данным вопросом. Малая диссипация энергии при конформационной релаксации биомакромолекул, при транспорте элементарных частиц в биологической системе и т.д. может являться причиной возникновения несиловой корреляции между подсистемами в соответствии с парадоксом Эйнштейна – Подольского – Розена (ЭПР-корреляции) в биологической системе. Исследования в области фундаментальной физики показывают, что целостность системы может быть связана с наличием ЭПР-корреляций. Предполагается, что ЭПР-корреляции обусловливают функционирование биологической системы как целого и даже могут служить физическим основанием мыслительных процессов. Что касается последнего предположения, то оно исходит из того факта, что физические процессы, лежащие в основе человеческого сознания, должны быть безэнтропийными; в противном случае четкая однозначная логика рассуждений была бы невозможна (Кобозев, 1971). Поэтому была выдвинута гипотеза о том, что за перенос информации при работе мозга ответственны именно несиловые взаимодействия, поскольку только они могут обеспечить безэнтропийный характер работы мозга (Цехмистро, 1981, Eccles, 1986). При этом, как указывает Х. Стэпп (Stapp, 1985 a,b), каждый паттерн, соответствующий акту сознания, в значительной мере конструируется из фрагментом паттернов, соответствующих предшествующему акту сознания.

В этой связи весьма существенным является то, что условием проявления ЭПР-корреляций в системе должно быть наличие квантовых невозмущающих измерений. Действительно, две частицы, разлетевшиеся из одной системы (например, два электрона с противоположными значениями спинов с одного атомного подуровня), могут хранить информацию о предшествующем состоянии, только если в дальнейшем на них не оказывалось воздействий, вызвавших неконтролируемое возмущение, т.е. если не имели место квантовые измерения, скрывшие первоначальную картину. В противном случае информация о целостной системе будет безвозвратно утеряна. Таким образом, сохранение информации о целостности системы возможно в случае, если над ее подсистемами производятся только невозмущающие измерения.

Для обоснования подобного понимания целостности биологической системы весьма важна проверка неравенств Белла в биологических системах. Это могло бы быть осуществлено в реакциях электронного транспорта, при поглощении фотонов рецепторными белками, т.е. в тех случаях, когда легко выделить элементарные частицы как объект взаимодействия в биологической системе. Такая проверка могла бы показать, что некоторые корреляции в биологической системе являются следствием нелокальных взаимодействий и обязаны своим наличием эффекту ЭПР. Вполне вероятно, что согласованность параметров элементарных частиц при работе ферментных молекул и их комплексов, взаимозависимая работа двух фотосистем в фотосинтезе и другие аспекты функционирования биологических систем обусловлены наличием несиловых взаимодействий. Таким образом, существенной характеристикой биологической системы является малая диссипация энергии при работе ее составляющих – макромолекулярных систем.

Однако построение молекулярной машины, в отличие от ее работы, всегда требует существенного притока энергии извне. Реализация конструкции, т. е. превращение информации I в негэнтропию N, всегда требует перекомбинации элементов, иными словами, – создания упорядоченности за счет увеличения неупорядоченности. На уровне перекомбинации элементов всегда происходит изменение энергии, сопровождающееся ее диссипацией и увеличением энтропии. Узнавание сигнала должно сопровождаться минимальной диссипацией энергии, но сам сигнал может быть использован (как фотон при фотосинтезе) для осуществления целого ряда конструкций и аккумуляции энергии, часть которой (нередко значительная) неизбежно диссипирует. Переход $I \rightarrow N$ есть осуществление конструкции, причем всегда $I_1 \geq N \geq I_2$, т. е. построение конструкции в соответствии с формальным описанием I_1 всегда происходит в сторону уменьшения информации, только в идеальном случае она полностью сохраняется в конструкции. Это может быть объяснено исходя из того, что любая реализация конструкции всегда есть редукция потенциальных возможностей, и здесь имеет место осуществление одной из возможных моделей, воссоздаваемых на основе формального описания. Как указывают Ю.А. Шрейдер и А.А. Шаров (1982), "система сама по себе не модель и даже не множество, но может быть представлена как модель". Осуществление этого представления и есть построение конструкции на основе формальном описания, что мы и имеем в процессе онтогенеза. Развившийся организм, будучи генетически детерминированным, есть только одна из возможностей, реализованных на основе своих генетических данных, и в этом смысле он беднее всего пространства возможных реализаций.

Говоря о безэнтропийности работы прибора, мы имеем в виду один уровень, тогда как конструирование прибора означает взаимодействие уровней. При таком взаимодействии всегда имеет место разрушение одной организации и создание другой в соответствии с законом, налагаемым формальной системой биологического объекта.

Иначе говоря, первоначально увеличивается энтропия системы и затем происходит редукция потенциальных возможностей элементов. Приведенное выше неравенство – это, фактически, цикл Карно, осуществляющийся при построении биологической системы. Необратимость течения времени связана именно с этой редукцией, с тем, что конструкция (модель) есть всего лишь одно из представлений формальной системы. Парадокс, рассмотренный выше, заключается в том, что система, рассматриваемая как целое, безэнтропийна, тогда как система, рассматриваемая как конструкция из элементов, вполне подчиняется анализу с позиций термодинамики. Биологические системы при их анализе – сложны, но будучи целостными – просты. Тут уместно вспомнить утверждение Р. Розена, что сложность системы не есть ее внутреннее свойство, но есть результат представления о системе (Rosen, 1979). Что касается биологической системы, то ее сложность есть результат также ее собственного представления в конструкции, создаваемой на основе внутреннего формального описания.

Сказанное имеет простую аналогию. Запечатление, запоминание и осмысление процесса не требуют существенных затрат энергии, тогда как осуществление процесса неизбежно сопровождается значительными затратами энергии и ее диссипацией. При этом появляется реальная необратимость, связанная с многократной редукцией потенциальных возможностей и генерацией бифуркаций.

1.3. ВТОРОЙ ЗАКОН ТЕРМОДИНАМИКИ И БИОЛОГИЧЕСКИЕ СИСТЕМЫ

Устойчивое неравновесие, являющееся предпосылкой и основой биологической организации, как мы утверждаем, восходит к актуально необратимому процессу квантово-механической редукции потенциальных возможностей (Игамбердиев, 1985, 1991a; Igamberdiev, 1993). При этом термодинамический подход может оказаться не вполне адекватным для осмысления устойчивого неравновесия. Действительно, в состояниях, далеких от равновесия, наблюдается возникновение сложных структур ("порядок из хаоса") , но предположение о том, что возрастание энтропии в соответствии со вторым законом термодинамики является тем исходным пусковым механизмом, который и запускает "стрелу времени", и обусловливает порождение сложнейших структур, в том числе и биологических, представляется не вполне соответствующим реальности.

И. Пригожин (1980), который строит неравновесную термодинамику исходя из подобных представлений, тем не менее отмечает, что величины не могут быть наблюдаемыми, если система удовлетворяет второму закону термодинамики. Чтобы наблюдать систему, необходимо ее "измерить", т.е. внести неконтролируемое возмущение, которое сделает систему неравновесной. Равновесная изолированная система, на основе которой и определяется энтропия, таким образом, предстает как реально несуществующая абстракция, и вопрос о применимости или неприменимости второго начала термодинамики к живым системам, следовательно, сам по себе не является корректным. Рассматривая живую систему как термодинамическую, мы уже по определению должны исходить из того, что она подчиняется второму закону, однако при таком рассмотрении не учитывается именно внутренняя детерминация биологического движения. В модели "демона Максвелла", т.е. воображаемого агента, сортирующего быстрые и медленные частицы, противоречивым является не только то, что "демон" должен тратить энергию на узнавание и сортировку частиц, но прежде всего то, что исходно система является равновесной и изолированной (следовательно – ненаблюдаемой) , что невозможно. Действительно, "демон" должен тратить энергию на узнавание быстрых и медленных частиц, увеличивая энтропию системы. Но для разделения частиц "демон" должен иметь знание, что делать с этой частицей. Таким образом, проблема "демона Максвелла" не может быть решена только в рамках термодинамической парадигмы, для ее решения должно анализироваться взаимодействие предсуществующего знания с термодинамической системой.

Один из примеров, приводимых В. Эльзассером (Elsasser, 1982), касается выбора одного из двух энергетически эквивалентных оптических изомеров при построении молекулярной структуры организма. Чтобы компьютер мог реагировать на сигнал, последний должен быть значительно сильнее окружающего шума. Биологическая же система сама выбирает между двумя энергетически эквивалентными путями. Из этого В. Эльзассер делает вывод, что, в отличие от кибернетических машин, организм функционирует, нарушая закон Шеннона, который формально эквивалентен второму закону термодинамики, и в этом – его основное отличие от неживых систем.

В определенном смысле данью классическому термодинамическому мышлению представляется идея "генерирующего потока Вселенной", восходящая к Н.А. Козыреву (1963). Предположение о том, что генерирующий поток Вселенной, имеющий основание в ее собственном неравновесии, порождает замены элементов на всех уровнях организации и сложных структур, едва ли может быть адекватно выражено и интерпретировано, хотя исследования в этом направлении ведутся (Левич, 1992).

Устойчивость биологической системы связана с осуществлением квантовых невозмущающих измерений в системе. Условия таких измерений обеспечиваются ограничивающими параметрами ферментативных реакций, реакций электронного переноса и т.д. Большие размеры ферментных молекул и малое число оборотов ферментов являются необходимыми условиями осуществления невозмущающих измерений. Эти параметры должны быть оптимальными, обеспечивая, с одной стороны, надежность функционирования биологической системы, с другой – ее относительную лабильность и способность к эволюции. В этой связи очень важны представления об оптимальности в биологии (Розен, 1965), в соответствии с которыми надежность и лабильность системы должны уравновешиваться. При этом выделить общий критерий оптимальности невозможно, она зависит от конкретных условий, которые задаются нелинейным процессом конкуренции между двумя разнообразиями: первое задается наполнением среды, второе – содержанием организма.

В условиях квантовых неразрушающих измерений, когда состояние системы практически не возмущается, возможность бифуркаций оказывается сведенной к минимуму. В случае полного отсутствия диссипации энергии при измерении (что невозможно, так как потребовало бы бесконечно большого интервала измерения в соответствии с соотношением неопределенностей "энергия – время") система находилась бы в состоянии абсолютного гомеостаза. Приближение к этому состоянию, наблюдающееся у медленно развивающихся и (или) крупных по размерам организмов, обусловливает их крайне низкую экологическую и эволюционную лабильность, что, правда, не мешает им сохраняться на протяжении длительных геологических периодов в эндемичных консервативных средах обитания. В случае более быстрых периодов релаксации в ответ на внешнее взаимодействие система оказывается менее устойчивой, но более лабильной. По-видимому, смещение этих отношений оптимальности приводит к различиям в темпах эволюции.

Соотношение неопределенностей энергия – время И. Пригожин назвал соотношением дополнительности между временем и изменением. В этом соотношении время является временем наблюдателя, а не временем квантово-механической системы, что обусловливает невозможность написания гамильтониана для этого соотношения. Данное соотношение особенно важно в связи с разработкой теории возмущений и анализом возможностей бифуркаций в системе. Необратимость времени в квантовой механике появляется как следствие последовательных измерений на этапе считывания информации о всей последовательности исходов (Dicke, 1989). Ветвящиеся эволюционные процессы, возникающие при этом, приводят к актуальной необратимости, несмотря на формальную обратимость уравнения Шредингера (Toyozawa, 1989).

Иначе говоря, необратимость появляется именно на макроуровне и связана с бифуркациями.

Характер взаимодействий в биологической системе не исключает возможности бифуркаций, напротив, именно их возможность при устойчивости и надежности функционирования биологических систем делает эти системы эволюционно лабильными. Бифуркации суть в свою очередь причина сложности организации биологических систем и, следовательно, предпосылка необратимого развития — как онтогенетического, так и эволюционного.

В соответствии с теорией катастроф Р. Тома, на определенной стадии эволюции динамика системы достигает критического параметра, вблизи которого устойчивое состояние бифуркирует и стабильность утрачивается. Модель бифуркации в теории катастроф связана с нелинейной динамикой. При этом важно отметить, что в соответствии с развиваемыми нами представлениями исходная причина неустойчивых состояний восходит к неабсолютному характеру внутренних квантовых неразрушающих измерений. Как утверждает К. Матсуно (Matsuno, 1992), локальные флуктуации порождают изменчивость на основе соотношения неопределенностей Гейзенберга и эндогенные трансформации системы восходят к нарушению симметрии ее гамильтониана, которое имеет собственную динамику. Необратимое нарушение симметрии исходит из состояния неопределенности системы, которое предусматривается квантовыми измерениями. При таком рассмотрении макроскопические бифуркации представляются следствием квантовых свойств биосистемы, и процесс квантово-механического измерения оказывается причиной ветвящейся (бифуркационной) динамики биосистем. На макроскопическом уровне изменения скоростей процессов релаксации ведут к перераспределению различных устойчивых состояний внутри биосистемы. Таким образом, нелинейность динамики восходит к процессам релаксации высокого порядка. Это приводит к появлению нестабильностей и к заранее непредсказуемым трансформациям, в результате чего возникают макроскопические бифуркации.

В целом изменения времен релаксации приводят к изменениям специфичности биомакромолекул к определенным взаимодействиям, и это обусловливает ветвящуюся динамику. Измененные версии исходных функций, описывающих процессы, могут взаимодействовать таким образом, что свойство их коммутативности утрачивается и генерируется новая глобальная функция системы, соответствующая новому процессу.

Необходимо отметить существенную разницу в механизмах онтогенеза и прогрессивной эволюции, хотя и эволюция, и онтогенез – бифуркационные феномены. Онтогенез есть цепь бифуркаций, строго детерминированных геномом и морфогенетическими (эндогенными и зкзогенными) параметрами. С известной долей приближения его можно рассматривать как развертывание программы, т.е. детерминированный выбор в соответствии с законом организации данной системы. Поэтому на высших уровнях иерархии имеют место взаимодействия с малой диссипацией энергии, что обеспечивает надежное функционирование системы, тогда как на уровне элементов происходит разрушение старой организации и создание новой, т.е. энергетические процессы, требующие притока энергии извне. Чтобы обеспечить возможность детерминированных бифуркаций, в организме происходит разрушение имеющейся организации и затем построение новой организации из образовавшихся элементов.

В эволюции, напротив, используются бифуркации в работе генома и ферментов, т.е. обусловленные неабсолютным характером неразрушающих измерений, иными словами, эволюция есть следствие квантовой неопределенности, проявляющейся на макроуровне (неопределенность. такого рода рассматривается Шимони, 1989). Поэтому можно говорить о существенном отличии механизмов онтогенеза и эволюции. При этом создание новой организации в эволюции также требует затрат энергии, чем, в частности, может объясняться факт происхождения многих прогрессивных форм растений в тропиках (Мейен,1987). Конкретные аспекты такой эволюции рассмотрены в нашей статье (Игамбердиев, 1988).

1.4. СИММЕТРИЙНЫЕ ПРЕОБРАЗОВАНИЯ В ФИЗИКЕ И БИОЛОГИИ

Усложнение организации всегда есть диссимметризация. Редукция потенциальных возможностей неизбежно нарушает исходную симметрию. В этой связи процессы онтогенеза и эволюции тесно связаны с проблемой симметрии и диссимметризации в функционировании биологических систем. В физике с понятием симметрии связаны наиболее фундаментальные характеристики мира. Физические симметрии соответствуют, согласно теореме Нетер, законам сохранения, и нарушения симметрии всегда ведут к поиску новых, глобальных симметрий. Наиболее фундаментальной в современной физике является теорема СРТ, утверждающая инвариантность всех физических процессов относительно обращения зарядовой, пространственной и временной составляющих. Самым загадочным является нарушение СР-симметрии при распаде К-мезона, поскольку все известные ранее физические законы были инвариантны относительно обращения времени. Благодаря нарушению СР-симметрии можно экспериментально отличить мир вещества от мира антивещества, однако теоретическое понимание нарушения СР-симметрии в физике в настоящее время отсутствует. Биологические процессы не могут быть инвариантными относительно обращения времени, однако попытки связать диссимметрию биологических систем с нарушением СР-симметрии, как отмечается, не имеют убедительных оснований. Показано, что когерентные колебания нарушают временную симметрию и, по всей видимости, жизнь связана с когерентными структурами – процессом, нарушающим временную симметрию.

Для физика нарушение симметрии всегда есть исходная точка для поиска всеохватывающей симметрии. В общей теории относительности утверждение о сохранении величины ставится в зависимость от выбора системы координат. Из этого делается вывод о невозможности перехода к интегральному закону сохранения. В связи с этим в общей теории относительности оказывается деградировавшим такое понятие, как энергия. Вывод о невозможности перехода к интегральному закону сохранения означает тот факт, что в физике вообще невозможно сформулировать глобальную симметрию, она всегда зависит от системы отсчета. Тут мы подходим к биологии, поскольку система отсчета всегда связана с процессом измерения. Проблема квантово-механического измерения, столь существенная для теоретической биологии, оказывается неразрывно связанной с проблемами симметрии, с вопросом определения величин, сохраняющихся при установленном типе взаимодействия.

Рассматривая развивающуюся биологическую систему, мы сталкиваемся с ситуацией, когда происходит редукция потенциальных возможностей системы в соответствии с законом ее целостной организации. В этой связи интересно сравнить ситуацию, возникающую при описании процессов развития в биологии, с ситуацией, имеющей место в современной физике при построении единой теории поля. Здесь все физические взаимодействия должны быть объединены в единую картину, и поэтому для внешних причин не остается места. Выход состоит в том, чтобы искать уравнения, описывающие взаимодействие материи с самой собой, в результате которого происходит порождение элементарных частиц. Однако физическая картина мира не включает в себя самодетерминированные процессы. Только в области биологии мы сталкиваемся с процессами, имеющими внутреннюю детерминацию. В этой связи плодотворным является антропный принцип, позволяющий нетрадиционно осмыслить взаимосвязь физики и биологии (Игамбердиев, 1991b). Живой организм мы скорее должны уподобить материальному миру в целом, чем определенному материальному предмету.

Вопрос о диссимметризации оказался весьма существенным при осмыслении проблемы происхождения жизни. Было строго установлено, что главнейшим условием самоорганизации и возникновения биологических систем является сдвиг в сторону преобладания оптических изомеров одной конфигурации и что жизнь вообще не могла развиться в рацемической среде (Морозов, 1984). С работ Л. Пастера и В.И. Вернадского факт диссимметрии биологических систем стал рассматриваться как основа представлений о специфике биологического процесса, и был сделан вывод об отличии пространства - времени биологических систем от физического. Как нам представляется, диссимметрия биологических систем и процессов подводит нас к более глубокому осмыслению физических предпосылок и логических оснований описания функционирования биологических систем и их эволюции.

Говоря о строении биологических систем, необходимо указать на то, что криволинейная симметрия биологических форм (идея о криволинейной симметрии в биологии восходит к Д.В. Наливкину) является результатом временной организации системы и ее трансформации. Уже отношение τ'/τ^* при конформационной релаксации биомолекул означает, что в биологической системе имеет место замедление времени, имеющее аналогию с таковым в теории относительности и обусловленное конечной скоростью распространения сигнала.

За счет этого замедления первоначально происходит делокализация частицы в обобществленных орбиталях ферментной молекулы (в этом случае частица находится в состоянии "шредингеровского кота") и затем специфическое выявление частицы в определенном состоянии. Реакция в присутствии фермента "ускоряется" за счет большего числа молекул, вступающих в реакцию, но ход ее элементарных актов при этом замедляется во много раз. Согласно квантовому парадоксу Зенона, последующее измерение частицы можно провести только спустя определенный временной интервал ("мертвое" время прибора). Предположение о непрерывном измерении приводит к парадоксальным ситуациям: распадающаяся система никогда не распадется, если над ней проводится непрерывное измерение. Дискретность пространства - времени получает обоснование через дискретность процесса измерения, обусловленного свойствами измеряющего прибора. Квантово-механический прибор за счет замедления времени может рассматриваться как классическая система (скорость релаксации его мала и несоизмерима со скоростями взаимодействий элементарных частиц в отсутствие прибора).

Еще А. Бергсон в "Творческой эволюции" (1909) писал о том, что движение является дискретным неделимым актом субъекта, а пространственное представление появляется "потом" и является как бы символом, обозначающим движение. Точечность пространства есть только представление, появляющееся тогда, когда мы начинаем анализировать движение, сопоставлять его с другими движениями.

Изменения периодов колебательных процессов в биосистемах, обусловленные модификациями конформационных свойств макромолекул и другими факторами, приводят к перестройкам пространственной организации биосистем. Как указывает Г. Башляр (1987) , удаленность объекта тождественна длительности периода общих колебаний с ним. Изменение частот колебаний равнозначно изменениям кривизны пространства, что предстает как трансформация формы биологического объекта, по В. д'Арси Томпсону (Thompson d'Arcy, 1917). При этом, как указывает С.В. Петухов (1981, 1988), симметрия биологических структур может быть описана на основе неевклидовых представлений, в частности, конформной геометрии, а симметрия неживых объектов оказывается частным случаем симметрий живого. То, что предстает как диссимметризация при появлении и развитии жизни, есть переход к более сложным симметрийным преобразованиям, адекватно описывающимся в неевклидовой геометрии.

Важным аспектом развития эпигенетической системы является факт уменьшения симметрии в ходе онтогенеза и эволюции. Л.В. Белоусов (1979) отмечает, что ранний зародыш спонтанно диссимметризуется и что фенотип диссимметризуется относительно генотипа. С этим процессом связана актуальная необратимость развития биологической системы. Как отмечал В.И. Вернадский (1988), в биологических системах вектор времени необратимого процесса должен быть полярным, т.е. направления АВ и ВА должны быть резко различными, и одно из них должно совершенно или почти совершенно отсутствовать в таких природных процессах. С этой полярностью может быть соотнесена диссимметрия биологических систем, и сама жизнь, как это убедительно показано, не могла возникнуть в рацемической среде.

Например, факт наличия оптической изомерии в биологических системах связан с тем, что оптические изомеры синтезируются из своих структурных компонентов различными способами (которые можно выразить векторами) причем один из этих способов совершенно отсутствует в биологической системе. При этом "вектор времени" биологического процесса оказывается следствием редукции потенциальных возможностей системы. Эта редукция всегда означает нарушение симметрии и возникновение упорядоченной организации. Поясним сказанное словами У.Р. Эшби (1966). Действительно, связь А подразумевает наличие некоторых ограничений, некоторой корреляции между событиями в А и В. Если, например, при данном событии в А в точке В может произойти любое из возможных событий, то между А и В нет связи (нет переноса информации, нет организации) и на все возможные пары состояний (А,В) не наложено ограничений. Таким образом, наличие "организации" эквивалентно существованию ограничений в пространстве возможностей. Но эти ограничения должны быть выражены функцией, дающей закон этой редукции и поставленной в соответствие как с А, так и с В. Эта функция будет давать закон различения и связи А и В. Таким образом, организация системы в данном случае необходимо предполагает наличие элементарного и функционального уровней системы, а временнóе развитие системы предстает как креод, как осуществление функции. При этом время не есть независимая переменная, как это было в физике, а представляет собой внутреннюю характеристику необратимого процесса, которая выражает самое существенное – его направленность. Это время имеет иное измерение, чем физическое время, и его промежутки связаны с внутренними ритмами системы. Но то, что представляется нарушением симметрии в евклидовом пространстве, может оказаться проявлением более глубинной симметрийной закономерности в искривленных пространствах. Поэтому наиболее глубинные симметрийные характеристики биологического процесса можно было бы выявить, используя неевклидову, в частности конформную, геометрию. С.В. Петухов (1981) показал, что симметрия неживых объектов оказывается частным случаем симметрии живого при использовании для описания конформной геометрии.

Основная закономерность конформных преобразований состоит в том, что при них каждый достаточно малый элемент тела сохраняет геометрическое подобие, в то время как форма всего тела изменяется, т.е. это подобие утрачивает. Конформный рост связан с ростовыми градиентами и обусловлен наличием достаточно прочного остова, отдельные звенья которого могут растягиваться, но узлы между звеньями – сохранять прежние значения. Такой остов может возникать на основе целлюлозных оболочек клеток у растений или волокон коллагенового матрикса у животных.

Говоря о симметрии процесса, мы рассматриваем прежде всего структуру процесса, т.е. его формальную сторону. Взаимосогласованность этой структуры подразумевает необходимость наличия некоторых величин, которые сохраняются в ходе процесса и характеризуют его устойчивость. Эти величины являются наиболее существенными характеристиками формальной системы, выражающей процесс. Однако ни одна формальная система не может из-за своей неполноты выразить процесс полностью и непротиворечиво. Именно с этой неполнотой и связана диссимметрия биологического (эпигенетического) процесса. В этом плане необходимо понимать высказывания В.И. Вернадского о нетождественности векторов времени в биологической системе. Как следствие данной диссимметрии представляется актуальной проблема необратимости эпигенетического движения. Временное развитие эпигенетической системы соответствует редукции потенциальных возможностей системы.

Глава 2

ЗАКОНОМЕРНОСТИ МЕТАБОЛИЧЕСКИХ ТРАНСФОРМАЦИЙ В БИОЛОГИЧЕСКИХ СИСТЕМАХ

2.1. ЦИКЛ КАК ИЕРАРХИЧЕСКАЯ СТРУКТУРА. ВЗАИМОДЕЙСТВИЕ ФЕРМЕНТ-СУБСТРАТ

Пространственная и временная организация биосистем в значительной степени детерминирована организацией метаболизма, хотя конкретные пути этой детерминации до настоящего времени не представляются ясными. Появился ряд теорий метаболической регуляции и контроля, однако они характеризуются ограниченным применением. Таковы теория метаболическом контроля, разработанная Р. Хейнрихом и Т. Рапопортом (Heinrich, Rapoport, 1974), и теория биохимических систем М. Саважо (Savageau, 1976). В этих теориях разрабатывается математический аппарат для описания и моделирования метаболической регуляции, но не ставится вопрос о происхождении и трансформациях биохимических циклов. Для понимания организации метаболизма весьма перспективны подходы, разрабатываемые в синергетике, однако пока они оперируют ограниченным числом примеров (Баблоянц, 1990).

Временную организацию биосистем следует рассматривать исходя из двух фундаментальных оснований: редукции потенциальных возможностей системы, носящей необратимый характер и обусловленной квантовой природой биологических молекулярных процессов, и наличия эндогенных ритмов, служащих часами биосистемы. Далее мы проанализируем понятие метаболического цикла и следствия из него, связанные с порождением временной организации (ритмов) и пространственной структуры (морфологии). В связи с этим мы рассмотрим роль метаболических процессов и их трансформаций в генерации пространственно-временной организации биосистем. Мы постараемся проследить логику этих трансформаций, которая в определенных чертах должна соответствовать реальному эволюционному процессу.

Циклическая последовательность реакций может иметь место не только в живой природе. В химии известен пример циклической реакции Белоусова-Жаботинского, колебательный характер которой обусловлен тем, что отдельные интермедиаты реакции на определенной стадии играют роль катализаторов, осуществляющих превращение других компонентов. Иначе говоря, уже здесь мы сталкиваемся с иерархичностью, с тем, что система расслаивается на две компоненты, связанные временно иерархическим соотношением. При этом условии возможно существование устойчивых циклических структур, что и было показано школой Пригожина и получило отражение в известных моделях (брюсселятор, орегонатор).

Химический цикл может работать только конечное время, определяемое диссипацией энергии: когда энергия "иссякает", колебания прекращаются. Поэтому для достаточно долгой работы цикла необходим неравновесный фактор, который делает возможным устойчивое функционирование цикла концентрационных колебаний.

В биологической системе простейшим циклом и, следовательно, элементарной структурой метаболизма в определенном смысле можно считать превращение субстрата ферментом, схематически изображаемое следующим образом:

$$S \longrightarrow ES \longrightarrow P$$
$$E$$

Его отличия от цикла концентрационных колебаний определяют некоторые существенные особенности биологических систем. Для первого характерны в идеале незатухающие колебания при отсутствии диссипации энергии, второй работает за счет привходящей извне (с субстратом) энергии, т.е. представляет собой исходно диссипативный процесс. Можно высказать предположение, что субстрат взаимодействует с уже энергизованной (за счет случайных тепловых флуктуаций) конформацией фермента, но тогда последний должен работать как "демон Максвелла" (Somogyi et al., 1984).

Энергия, выделяющаяся при сорбции субстрата на ферменте, переводит фермент в иную конформацию, в результате чего совершается полезная работа – превращение субстрата в продукт. Этот конформационный переход происходит весьма медленно (т.е. в масштабах макроскопического времени), что и определяет высокую специфичность работы фермента в соответствии с теорией квантовых невозмущающих измерений В.Б. Брагинского и др. (1981). Обратный конформационный переход делает возможным присоединение следующей молекулы субстрата.

В отсутствие субстрата переход фермента из одной конформации в другую может осуществляться как чисто стохастический процесс, при этом его молекула менее устойчива к разрушению. Такие переходы в отсутствие субстрата происходят быстрее.

Учитывая, что в ходе ферментативной реакции происходит изменение конформации фермента, мы можем записать фермент-субстратное взаимодействие в виде следующей схемы:

Для нас сейчас существенно именно конформационное движение молекулы фермента. При такой записи становится ясно, что в одном направлении процесс перехода из одной конформации в другую является сопряженным и именно это сопряжение является тем неравновесным фактором, который движет данный процесс, т.е. вращает цикл. В ходе такого конформационного движения совершается полезная работа, характеризующаяся высокой эффективностью, а главное, специфичностью и, следовательно, минимальной диссипацией энергии. Этот процесс может быть представлен как квантово-механическое измерение с минимальной степенью возмущения, т.е. с большим временем релаксации прибора (фермента) и малой погрешностью (диссипацией) энергии в соответствии соотношением неопределенностей Гейзенберга в паре энергия – время.

Обратный переход, очевидно, тождествен обычному конформационному переходу в отсутствие молекулы субстрата. В нем диссипация энергии будет несколько больше, и произойдет выделение той части энергии, которая не перешла в полезную работу. Обратимость ферментативной реакции будет означать только то, что субстрат и продукт можно поменять местами, но сопряжение будет иметь место только в одной половине "цикла", что является его характерной особенностью.

Итак, в отличие от химических циклов, где интермедиат мог на определенной стадии выступать как катализатор, в фермент-субстратном взаимодействии мы сталкиваемся с резким различием катализатора и субстрата, т.е. с более выраженной иерархичностью (двухуровневостью). Присоединение субстрата индуцирует когерентные колебания, обусловливающие конформационный переход; эти представления получили развитие в концепции резонанса в ходе ферментативного катализа. Если в отсутствие субстрата конформационные переходы фермента "туда и обратно" осуществлялись по одному пути, то при наличии субстрата они идут разными путями. В результате этого и возникает цикл. Направления АВ и ВА оказываются совершенно различными, что характеризует специфику биологической системы по В.И. Вернадскому (1988). Симметричная структура в присутствии субстрата преобразуется в диссимметричную. Условием такого преобразования является, очевидно, диссимметричная структура самой молекулы фермента.

Анализируя диссимметричность работы ферментной системы, мы неизбежно сталкиваемся с действием неравновесного фактора при превращении линейного процесса в циклический. Таким неравновесным фактором в нашем случае будет приток субстрата, поставляющий энергию при сорбции в активном центре фермента, что переводит фермент в новое конформационное состояние. Только после его достижения энергия диссипирует и фермент возвращается в исходную конформацию. Время циклического процесса будет соответствовать числу оборотов фермента и определяться скоростью конформационной релаксации молекулы. Появляется возможность возникновения ритма, характеризующегося макроскопическим временем, поскольку числа оборотов многих ферментов составляют доли секунды или даже несколько секунд, и генерируются волны, связанные с ритмическим процессом образования продукта из субстрата.

В ходе ферментативной реакции энергия, выделяющаяся при сорбции субстрата или сопрягающего фактора (второго субстрата, кофермента и т.д.), приводит сначала в процессе конформационного движения к разделению зарядов внутри фермент-субстратного комплекса за счет формирования внутримолекулярной цепи переноса заряда, и заряды депонируются в разных участках белковой макромолекулы в результате ее внутренней поляризации. Подобное депонирование зарядов имеет место и при хемиосмотическом сопряжении, но уже на мембране. Кулоновская энергия разделенных зарядов способствует превращению субстрата в продукт за счет разрыва старых связей и формирования новых. Таким образом, в процессе фермент-субстратного взаимодействия мы сталкиваемся и с таким эффектом, как депонирование (в данном случае зарядов), который будет для нас весьма важен при последующем изложении. Итак, при работе биологических макромолекулярных систем имеет место циклическая организация процесса.

В результате формирования цикла неравновесие, его формирующее, оказывается интериоризованным (т.е. закрепленным) в структуре системы, образующей цикл. Это неравновесие становится принципом, обусловливающим организацию системы, оно постоянно возобновляется, превращаясь благодаря организации цикла в устойчивое неравновесие. Принцип устойчивого неравновесия Бауэра и принцип диссимметрии Пастера и Вернадского в биологической системе оказываются взаимообусловленными, определяя специфику живого. Задавая временные параметры (ритм) и пространственные характеристики (морфологию) системы, цикл является, по нашему мнению, элементарной неравновесной диссимметричной структурой живого. Первые определяются временем оборота цикла, вторые – депонированием из цикла, которое подчиняется определенным симметрийным преобразованиям.

2.2. ФУТИЛЬНЫЕ ЦИКЛЫ И ИХ ТРАНСФОРМАЦИЯ

Взаимодействие фермента с субстратом может быть представлено как циклическая структура, но осуществляемое им превращение субстрата в продукт носит линейный характер. Фермент не смещает химического равновесия, делая лишь возможным осуществление определенного маршрута. Иными словами, названное взаимодействие есть циклический процесс, осуществляющий линейное преобразование. Это преобразование обратимо тривиальным образом, т.е. превращение субстрата в продукт и обратное превращение идут по одному и тому же пути. Далее мы попытаемся обосновать, что только трансформация линейного пути в циклический делает возможным формирование разветвленной структуры метаболизма.

Эта трансформация является условием дальнейшего усложнения организации метаболических путей. Путь туда и путь обратно оказываются разделенными, протекающими по разным маршрутам. Нарушается симметрия относительно обращения времени, возникает неравенство между прямым и обратным путем за счет утраты между ними тождества. Результатом становится расщепление первоначально линейного пути, что приводит к возникновению простейшего метаболического субстратного цикла. Предпочтительными для генерации такого цикла являются реакции, характеризующиеся значительным изменением свободной энергии. Это либо реакции переноса фосфатной группы, либо окислительно-восстановительные реакции. В первом случае, например, прямая реакция связана с использованием АТФ, а вторая – с отщеплением фосфатной группы.

Цикл образуется за счет того, что прямой путь оказывается сопряженным с путями, приводящими к синтезу АТФ, а обратный путь оказывается несопряженным. Возможность появления такого цикла связана со следующим: существенное изменение свободной энергии в реакции делает возможным преимущественное протекание прямой реакции только в сопряжении с распадом АТФ, а обратной – без сопряжения (с синтезом АТФ). В результате прямую и обратную реакции осуществляют два разных фермента. Линейный путь диссимметризуется в циклический. Этот цикл будет футильным, так как его протекание приводит к трате энергии, и если прямая и обратная реакции не разделены, он является косвенной АТФазой. Известным примером футильного цикла является фруктозо-6-фосфат – фруктозо-1,6-бисфосфатный цикл, который играет важную роль в разделении гликолиза и глюконеогенеза, протекающих в одном компартменте.

Окислительно-восстановительный футильный цикл возникает, если, например, восстановление субстрата сопряжено с окислением восстановленных кофакторов (НАД(Ф)Н или, в общем случае, XH), а окисление в обратной реакции осуществляется флавиновой оксидазой, не сопряженной с электрон-транспортной цепью (ЭТЦ). При этом прямая реакция зависит от генерации НАД(Ф)Н, а обратная не зависит от наличия окисленной формы НАД(Ф). Реакции оказываются разделенными и протекают по разным маршрутам. Примером такого цикла является гликолат-глиоксилатный шунт, рассматриваемый в нашей работе (Игамбердиев, 1990). В нем гликолат окисляется флавинзависимой оксидазой, а образующийся глиоксилат восстанавливается НАДН-зависимой редуктазой.

Возникновение подобного цикла, очевидно, возможно, если происходит специализация какого- либо фермента к субстрату обратной реакции. Известно, что многие оксидазы или фосфатазы не обладают абсолютной специфичностью, особенно у низкоорганизованных форм, и увеличивают свою специфичность в ходе эволюции. Так, окисление гликолата у цианобактерий осуществляется неспецифическими ферментными системами; у высших растений гликолатоксидаза более специфична к гликолату, но она также окисляет с несколько меньшей эффективностью другие 2- гидроксикислоты. Путь через несопряженную оксидазную реакцию оказывается более предпочтительным из-за отсутствия связи с другими метаболическими процессами, ограничивающими поток через эту реакцию.

Функционирование футильного цикла невыгодно для организма в условиях энергетического дефицита, поскольку при его работе рассеивается энергия. Его протекание может иметь физиологическое значение, когда необходимо быстрое окисление избытка НАДН или гидролиз АТФ, не сопряженные с другими процессами, т.е. в условиях "переполнения" ("overflow") (Lambers, 1985). Такие условия имеют место при усилении биосинтетических процессов, например при интенсивном фотосинтезе. В этом случае цикл будет косвенной АТФазой или НАДН- оксидазой, рассеивающей избыточную энергию. Такой цикл может играть также роль, когда гидролиз АТФ или окисление НАДН в других реакциях заторможены, но эти процессы необходимы для обеспечения оборотов метаболических циклов. Другой важный аспект связан с регуляцией соотношения АТФ/АДФ и НАДН/НАД в клетке или с поддержанием его на определенном уровне, что является важнейшим условием клеточного гомеостаза.

Итак, футильный цикл исходно представляет собой диссипативный процесс, снижающий свободную энергию системы. Рассеивание энергии в нем может либо ограничиваться относительно низкой активностью ферментов, либо эти ферменты должны работать медленно, чтобы рассеивался только избыток (сверх определенного уровня) АТФ или НАДН.

Футильный цикл может превратиться в действенный механизм реципрокной регуляции прямого и обратного путей. Обычно это достигается, когда ферменты прямой и обратной реакций являются аллостерическими и какое-либо соединение (обычно образующееся в конце одного из разделенных направлений метаболизма) служит активатором одного фермента и ингибитором другого. При этом при работе фермента одного пути выключается другой, и наоборот. Именно аллостерическая кинетика является наиболее эффективной при реципрокной регуляции двух ферментов, образующих футильный цикл. В результате футильный цикл становится мощным регулятором переключения путей туда-обратно, причем прямая и обратная реакции оказываются разделенными во времени, будучи локализованными нередко в одном и том же компартменте. Чем более эффективна реципрокная регуляция, тем в меньшей степени цикл будет косвенной АТФазой либо НАДН-оксидазой, т.е. тем меньше в нем будут прямые потери энергии, которые могут быть сведены до минимума. Само появление аллостерической регуляции, возможно, возникло как следствие трансформации футильного цикла в реципрокный регуляторный механизм.

Регуляция активности ферментов может происходить за счет их ковалентной модификации, осуществляемой киназами, а также метилазами, ацилазами и другими ферментами. Фосфорилирование-дефосфорилирование (либо другая модификация) фермента также представляет собой футильный цикл, реципрокно регулирующий направление метаболического процесса. В процессе эволюции происходил отбор на медленность ферментов, регулирующих активность других ферментов (Кошланд, 1987), тем не менее регуляция метаболизма, очевидно, требует значительно больших затрат энергии, чем осуществление самого метаболизма.

Появление ковалентных и аллостеричсских путей регуляции в ходе трансформации футильного цикла в регуляторный реципрокный механизм означает возникновение нового уровня иерархии в метаболизме, заключающегося в том, что фермент оказывается не только катализатором, но и регулируемой молекулой. В отличие от обычного конкурентного и неконкурентного ингибирования аллостерический тип регуляции требует усложнения структуры фермента, что может достигаться за счет включения в его структуру регуляторного домена. Появляются прямые и обратные связи в системе метаболизма, удаленные точки системы метаболических путей "склеиваются" за счет регуляторных взаимодействий. Это может приводить к возникновению осцилляций и появлению периодов релаксации в системах продолжительностью до минут. Интеграция многих индивидуальных реакций в системные единицы достигается с помощью механизмов аллостерической модуляции, транспортных процессов и т.д. Разделение прямого и обратного путей реакции представляется исходной предпосылкой появления метаболических сетей с возрастающими временами существования и стабильностью.

Нередко футильный цикл может быть тупиковым ответвлением метаболизма, и тогда его роль будет заключаться в образовании ключевого регуляторного метаболита. Таковым является фруктозо-2,6-бисфосфат, регулирующий протекание гликолиза и глюконеогенеза. Он образуется при АТФ-зависимом фосфорилировании фруктозо-6-фосфата и вновь превращается в последний в фосфатазной реакции.

Диссимметризация обратимой ферментативной реакции, разделение ее на две практически необратимые реакции, составляющие цикл, открывают возможность порождения бифуркаций. Для окислительно-восстановительного цикла это имеет место преимущественно в окислительной ветви. Ферменты, катализирующие соответственно прямую и обратную реакции, различаются по специфичности. Оксидаза менее специфична, чем дегидрогеназа, и, следовательно, обычно работает быстрее. При усилении метаболического потока возможно его расщепление, но расщепление уже не только путей туда обратно, но и разветвление пути в одну сторону:

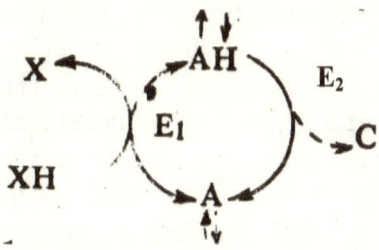

Здесь XH обозначен восстановленный кофактор, X – окисленный кофактор, A – окисленный субстрат, AH – восстановленный продукт, E_1 и E_2 – ферменты, катализирующие соответственно прямую и обратную реакции.

Цикл частично размыкается за счет генерации альтернативных путей превращения окисляемого (или восстанавливаемого) соединения.

Генерация бифуркаций следует из термодинамики И. Пригожина, согласно которой "порядок из хаоса" создается в сильно неравновесных состояниях, что наблюдается при значительном возрастании производства энтропии. Очевидно, в процессах, характеризующихся снижением свободной энергии, возникают условия для появления очень маловероятных путей превращений, что создает предпосылки для бифуркаций. В ходе эволюционного процесса генерация бифуркаций существенно стимулировалась действием кислорода. Примером дивергенции метаболических систем под действием кислорода является эволюция вторичного метаболизма растений. Она четко коррелирует с изменениями содержания кислорода в атмосфере (Gottlieb, 1989).

В случае окислительно-восстановительного футильного цикла бифуркации могут возникать по ряду причин, одна из которых (исходная) – это меньшая специфичность фермента одной из ветвей цикла. Характерным примером является фотодыхательный C_2-цикл (гликолатный цикл). Так, специфичность гликолатоксидазы не только к гликолату, но и к глиоксилату приводит к бифуркации, результатом которой является образование оксалата. В оксидазной ветви отсутствие сопряжения с ЭТЦ приводит к генерации реакционноспособных побочных продуктов, таких, как восстановленные формы кислорода (H_2O_2 и O_2^-) при окислении восстановленных флавинов кислородом. В результате оказываются возможными альтернативные окисления образующихся продуктов оксидазных реакций. Выделение тепла, обусловленное диссипацией энергии, также может способствовать генерации бифуркаций. Отсутствие сопряжения приводит к усилению потока окисляемого вещества по данной реакции, в результате чего меняются параметры среды (pH и др.), что также способствует альтернативным превращениям. При этом имеющиеся ферменты за счет неабсолютной специфичности могут катализировать превращение новообразующихся соединений, а генетическая избыточность (следствие, например, дупликации генов) оказывается предпосылкой их дальнейшей специализации – разные изоформы приобретают различную специфичность к сходным по структуре, но разным субстратам (таких как, например, глиоксилат и гидроксипируват).

2.3. ФОРМИРОВАНИЕ МЕТАБОЛИЧЕСКИХ ЦИКЛОВ

Наш основной тезис сформулируем следующим образом. По нашему мнению, биохимический цикл метаболизма формируется в результате эволюционной трансформации разделения реакции в прямом и обратном направлениях и последующего "разворачивания" исходного футильного цикла. Эта трансформация заключается в переходе от простых несопряженных процессов к интегрированным строго сопряженным сетям метаболических реакций. Первоначальная диссимметризация прямого и обратного направлений окислительно-восстановительной реакции приводит к генерации бифуркаций в окислительной ветви и далее к появлению альтернативного пути метаболического превращения. Последнее может быть сопряжено с реакцией, приводящей к образованию исходного субстрата. Так футильный цикл "разворачивается" в полный метаболический цикл (Игамбердиев, 1992; Igamberdiev, 1994).

Можно рассмотреть следующие простые варианты формирования метаболических циклов. Бифуркация в окислительной ветви футильного цикла приводит к образованию альтернативного продукта C. Если этот альтернативный продукт C более окислен, чем A, дополнительная восстановительная реакция с участием кофактора YH (которая могла бы осуществляться первоначально как побочная реакция какого-либо уже имеющегося фермента E_3) приведет к образованию A и, следовательно, замыканию цикла:

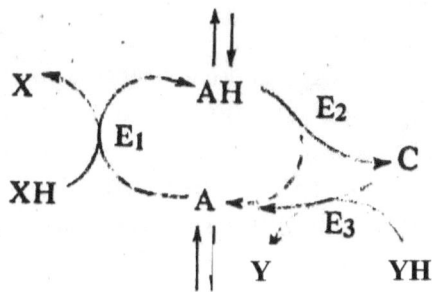

Также возможен случай, когда бифуркация возникает при появлении окислительного декарбоксилирования вместо исходного окисления, и альтернативный продукт C проще по структуре, чем A. В этом случае превращение C в A включает конденсацию с некоторым соединением Z:

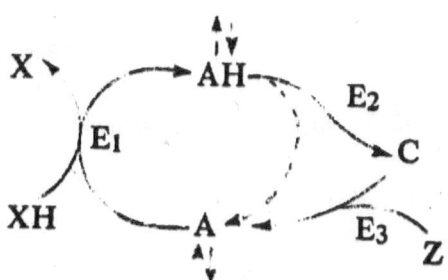

Эти два примера – простейшие модели формирования метаболических циклов. "Разворачивание" футильного цикла в метаболический часто включает большее количество дополнительных реакций. Исходная окислительная реакция футильного цикла АН → А в образующемся метаболическом цикле становится только регуляторной реакцией, которая определяет возможность укороченного пути через шунтирование более длинной цепи превращений. В определенных условиях она может регулировать окислительно-восстановительный потенциал клетки. Происхождение метаболического цикла из первоначального футильного цикла определяет, по нашему мнению, то, что в любом метаболическом цикле можно различить катаболическую и конструктивную ветвь. Катаболическая ветвь обычно включает окислительные реакции, а конструктивная – реакции восстановления и конденсации, что и отражено в приведенных выше схемах. Такая структура метаболического цикла приводит к раздельной регуляции его двух половин и к разной интенсивности их протекания, что делает возможным "вытекание" интермедиатов из цикла для их альтернативных превращений.

Диссимметрия метаболического цикла приводит к возможности раздельной регуляции двух его половин и к различию их интенсивностей. Результатом может быть отток субстратов одной половины цикла на альтернативные превращения, т.е. генерация бифуркаций в одной из ветвей более вероятна, чем в другой, что было рассмотрено на примере превращений глиоксилата (Igamberdiev, 1989). Помимо этого каждая половина цикла может быть связана со своим депо, и колебания между этими депо могут быть обусловлены разным балансом между скоростями прямой и обратной ветвей цикла. Наиболее значительное депо формируется из продукта более быстрой реакции. Так, главное депо цикла Кребса – малат, но во многих растениях второй по интенсивности накопления кислотой является цитрат. Между этими путями возможны колебания, причем при интенсификации биосинтетических процессов может усиливаться накопление цитрата и расход малата.

Диссимметрия цикла трикарбоновых кислот заключается в существенных различиях двух половин цикла, разделенных принципиально необратимой реакцией, катализируемой 2-оксоглутаратдегидрогеназным комплексом. Первая половина является преимущественно биосинтетической. В другой половине имеет место реакция, сопряженная с ЭТЦ принципиально иным образом, чем другие окислительные реакции цикла, – реакция окисления янтарной кислоты, которая минует первый центр сопряжения в ЭТЦ митохондрий. В результате янтарная кислота оказывается наиболее легко окисляемым субстратом цикла, и поток электронов от нее может приводить к обратному переносу на НАД. С этим узлом метаболизма связаны и пути регуляции цикла Кребса оксалоацетатом, углекислым газом, а также регуляция через переключение потоков в ЭТЦ при конкуренции различных субстратов. В случае наиболее интенсивного дыхания главный окислительный поток идет через янтарную кислоту. Сукцинатдегидрогеназа осуществляет перенос электронов только в одном направлении, и это предотвращает возможность работы цикла Кребса в обратном направлении.

У многих микроорганизмов сукцинатдегидрогеназная реакция может быть сопряженной с НАД, но в этом случае она функционирует как обратная (восстановление фумарата), тогда как окисление сукцината и здесь не сопряжено с НАД. При этом формируется футильный цикл, который может функционировать при анаэробном дыхании. Очевидно, несопряженность окисления сукцината с восстановлением НАД – важный фактор формирования и регуляции цикла Кребса. Существенно также отметить, что депо сукцината формируется особенно интенсивно в неблагоприятных условиях, например при гипоксии, что связано именно с предпочтительностью окисления этого субстрата при переходе в кислородную среду для быстрого восстановления метаболизма в постгипоксических условиях.

Окисленные соединения – продукты более быстрой, "окислительной" ветви метаболических циклов – могут играть важную роль в регуляции метаболизма клетки. Так, глиоксилат (особенно в сочетании с оксалоацетатом) регулирует интенсивность протекания цикла Кребса, оксалоацетат является мощным модификатором сукцинатдегидрогеназы и т.д. Аминирование кетокислот представляется механизмом, нейтрализующим реакционноспособность этих соединений. В результате образуются дополнительные пути, шунтирующие ряд реакций, тормозящихся в определенных условиях. Так, цикл, включающий аминотрансферазные реакции (который можно назвать циклом Браунштейна), шунтирует реакции цикла Кребса. При интенсивном дыхании наблюдается его усиление (Кондрашова, 1991).

Депонирование интермедиатов цикла определяется организацией метаболических потоков и характерными временами конкретных ферментативных реакций. Поэтому депонироваться у разных организмов и на разных стадиях онтогенеза могут различные продукты цикла. В случае цикла Кребса это – яблочная, лимонная, изолимонная, аконитовая, янтарная, фумаровая кислоты.

Ликвидация сопряжения в окислительной ветви, приводящая к формированию цикла, при трансформации метаболизма может компенсироваться появлением новых сопряжений, снижающих первоначальную потерю энергии. Так, в эволюции сохранилось несопряженное окисление гликолата (гликолатдегидрогеназа была вытеснена гликолатоксидазой, что сняло ограничения для метаболического потока по гликолатному пути), однако возникло сопряжение с ЭТЦ в реакции превращения двух молекул глицина в серин. Появление C_4-пути фотосинтеза исходно также является энергетически невыгодным, но благодаря ему компенсируются потери вещества и энергии при фотодыхании. Фотодыхательный C_2-цикл, состоящий из двух половин – гликолатного и глицератного путей, по нашему мнению, сформировался в результате трансформации гликолат-глиоксилатного шунта. Подтверждением развиваемых взглядов является наличие сходства между глиоксилат- и гидроксипируватредуктазой.

Несопряженность одной половины цикла (включающей гликолатоксидазу) и сопряженность (с НАДН) другой (включающей гидроксипируватредуктазу) обусловливают сохранение первоначальной диссимметрии исходного гликолат-глиоксилатного пути. Этот шунт мог первоначально служить только для рассеивания энергии как косвенная НАДН-оксидаза и АТФаза и, возможно, для образования гликолата как регулятора метаболизма, тогда как фотодыхательный цикл связан с многими функциями, прежде всего с сопряжением углеродного и азотного метаболизма.

Диссимметричный характер исходного футильного, а затем и метаболического цикла обусловливает возможность такой организации, которая предусматривает конденсацию окисленных продуктов цикла с продуктами другого метаболического пути. Так, регенерация оксалоацетата обеспечивается его конденсацией с ацетил-КоА. В пентозофосфатном цикле синтазные реакции между сахарофосфатами обеспечивают регенерацию глюкозо-6-фосфата без сопряжения с ЭТЦ и восстановительным пулом. Поэтому биохимический цикл обычно формируется в сопряжении с метаболизацией какого-либо субстрата, являющемся продуктом другого метаболического пути.

Увеличение количества и разнообразия связей в сети метаболических превращений приводит к образованию более долгоживущих и стабильных гомеостатических состояний. В этой связи циклические структуры имеют преимущество в поддержании устойчивого неравновесия в биосистемах. Наличие и циклов, и разветвленных путей в метаболической сети обусловлено тем, что наибольшая устойчивость структуры достигается при определенной организации метаболических циклов, сопряженных с линейными метаболическими путями.

Рассмотренные закономерности формирования циклов подтверждают важный принцип теории систем Ю.А. Урманцева (1988), согласно которому диссимметрия является исходным условием создания новой организации и формирования новой, высшей симметрии. Об этой высшей симметрии, генерирующейся при функционировании циклов, мы будем говорить позднее. Отметим сейчас только, что это криволинейная симметрия.

2.4. ОБРАЗОВАНИЕ ШУНТИРУЮЩИХ ЦИКЛОВ

Новые циклы могут возникать и при упрощении уже имеющейся сложной структуры в результате шунтирования отдельных реакций исходного цикла, в результате чего исчезают сопряжения с другими метаболическими путями или возникают новые сопряжения. Так, в результате шунтирования цикла Кребса возникли глиоксилатный цикл и цикл гамма-аминомасляной кислоты (ГАМК-шунт). Глиоксилатный цикл оказался возможен в результате дивергенции малатсинтазы от цитратсинтазы и появления изоцитратлиазы. В результате при интенсивном потоке ацетил-КоА (при росте на двухуглеродных субстратах, парафинах, при интенсивном окислении жирных кислот) две его молекулы конденсируются с образованием глюкогенного субстрата. При этом ликвидируется сопряжение с ЭТЦ в связи с "обходом" ряда реакций.

ГАМК-шунт "обходит" две реакции цикла Кребса, в результате чего ликвидируется сопряжение с синтезом гуанозинтрифосфата и регулируется рН за счет поглощения протона в глутаматдекарбоксилазной реакции и формируется новое депо – ГАМК. Благодаря отвлечению интермедиатов данного пути на альтернативные превращения оказывается возможным образование некоторых гликозидов.

Шунтирующим путем метаболизма является и не сопряженный с синтезом АТФ поток электронов через альтернативную цианидрезистентную оксидазу и через альтернативные НАД(Ф)Н - дегидрогеназы митохондрий. При этом ликвидируется зависимость протекания катаболических процессов от наличия высокого содержания АДФ и АМФ и низкого АТФ и оказывается возможной поставка окисленных интермедиатов для биосинтетических процессов вне связи с соотношением АТФ/АДФ. Ликвидация сопряжения окисления НАДН, образующегося в некотором метаболическом цикле, с синтезом АТФ должна привести к усилению потока через этот цикл и к ускорению его оборотов, так как АТФ у растений интенсивно образуется в световой фазе фотосинтеза.

Конечно, объяснение электронного транспорта, не сопряженного с синтезом АТФ, не исчерпывается необходимостью окисления избытка образующихся соединений в смысле узко понимаемой гипотезы "overflow", но этой гипотезой подмечен именно первоначально диссипативный характер цианидрезистентного дыхания. Это дыхание действительно возрастает на свету в условиях интенсивного образования продуктов фотосинтеза. Возможные его физиологические функции (испарение пахучих веществ и привлечение насекомых, защита от цианогенных гликозидов, связь с морозоустойчивостью) представляются вторичными, а первичным является именно обеспечение регуляции различных метаболических потоков через переключение с цитохромного пути на альтернативный и наоборот, а в случае дополнительных НАД(Ф) Н-дегидрогеназ – необходимость быстрого окисления НАД(Ф)Н со стороны цитоплазмы для обеспечения протекания метаболизма в этом компартменте и окисления избытка НАДН внутри митохондрии (известно, что КМ выше при окислении НАДН внутри митохондрии, не сопряженном с синтезом АТФ). В результате регулируется соотношение окисленных и восстановленных пиридиннуклеотидов и АТФ/АДФ в разных компартментах клетки.

Шунтирование метаболического пути, приводящее к ограничению или выпадению ряда стадий метаболизма, может быть причиной изменений ритмов жизнедеятельности организмов и их морфологии. Несмотря на значительное рассеивание энергии, в процессе эволюции наблюдалось усиление цианидрезистентного дыхания: у водных покрытосеменных оно примерно вдвое выше, чем у мхов и водорослей. Более того, у арктических растений оно составляет 80% общего дыхания: это связано не с тем, что оно повышает температуру листьев, а с важным в арктических условиях лимитированием роста растений.

Кроме того, цианидрезистентное дыхание связано с фотопериодом и проявляет определенный циркадный ритм. Все это позволяет растениям быстрее совершать свой жизненный цикл (McNulty, Cummins, 1987).

Усиление цианидрезистентного дыхания может приводить не только к ускорению жизненных циклов, но и к упрощению морфологии. Так, у гибридов гороха при слабой интенсивности цианидрезистентного дыхания наблюдалось сильное ветвление, тогда как сильное цианидрезистентное дыхание сопровождалось более простой морфологией (Musgrave et al., 1986). Такая корреляция имеет, по-видимому, место, когда усиление диссипации энергии в одном процессе не компенсируется интенсификацией потоков через другие метаболические пути.

Как уже отмечалось, ликвидация сопряжения на одном уровне нередко сопровождается появлением сопряжения в других процессах. Так, отсутствие сопряжения с восстановлением НАД в гликолатоксидазной реакции частично компенсируется наличием такого сопряжения при окислении глицина. Грандизация структур у культурных растений в ряде случаев сопровождается не уменьшением, а, напротив, увеличением доли диссипативных процессов, в частности фотодыхания.

Важную роль в генерации бифуркаций и в шунтировании метаболических путей играют восстановленные формы кислорода (H_2O_2, O_2 и др.). Их уровень регулируется каталазой, супероксиддисмутазой и другими ферментными системами. Роль активного кислорода в организации метаболизма растений весьма значительна.

Возможность более быстрого прохождения ряда стадий в результате протекания шунтирующих реакций и ликвидации несопряжений обусловливает увеличение роли неотении и сходных с ней процессов в эволюции. Редукция гаметофита входе эволюции связана с ускорением его развития, объясняемым этими процессами. Происхождение травянистых растений от древесных связано с уменьшением депонирования углеводов в виде целлюлозы, в результате чего отдельные стадии развития элиминируются. Ускорение, достигаемое за счет сжатия определенных стадий, сопровождается диссипацией энергии, но при этом ведет к возможности надстраивания новых метаболических путей и усложнению организации. Появляются "надставки" – анаболии, которые нередко могут "спускаться" с более поздних стадий онтогенеза, где они возникают первоначально как факультативные и лишь затем закрепляются генетически. Данные представления соответствуют взглядам Л.С. Берга (1977) о филогенетическом ускорении и предварении филогенеза онтогенезом.

Из приведенных рассуждений следует весьма существенный вывод. Появление процесса, предшествующего формированию нового пути или цикла, является энергетически невыгодным, и только возникновение последующих сопряжений ограничивает эту диссипацию. Поэтому эволюционный процесс более интенсивно протекает в тех регионах, где расход энергии не сказывается на выживании столь сильно, т.е. в тропиках. Эти рассуждения объясняют гипотезу С.В. Мейена (1986, 1987) о фитоспрединге.

Другой важный пример – это адаптивная реакция организма, которая, согласно Г. Селье (1972), включает первоначальное снижение уровня резистентности. Затем способность к сопротивлению поднимается значительно выше нормы, и только по прошествии определенного времени может наступить стадия истощения. Данная зависимость, выражаемая характерной кривой Селье, носит название генерализованного адаптационного синдрома (GAS), и ее характерной особенностью является то, что мы отмечали при формировании новых структур в онтогенезе и эволюции: переходу к новому уровню организации (в данном случае – организации, обеспечивающей резистентность к стрессовому фактору) предшествует перестройка, первоначально снижающая адаптивные возможности системы. И лишь потом это окупается формированием новой, более резистентной структуры, что достигается обычно переключением на альтернативные метаболические пути, в первую очередь – на шунтирующие циклы.

2.5. ЗАМЫКАНИЕ ГИПЕРЦИКЛОВ

Когда некоторое подмножество множества субстратов каталитической системы начинает выполнять функцию матрицы, обусловливающей формирование и возобновление этой каталитической системы, возникает структура, названная гиперциклом (Эйген, Шустер, 1982). Она является обобщенной структурой самовоспроизводящейся метаболической системы. Гиперцикл построен из автокатализаторов, или циклов воспроизведения, которые объединены посредством циклического катализа, т.е. посредством еще одного автокатализа, наложенного на систему. Таким образом, гиперцикл основан на нелинейном автокатализе (второго или более высокого порядка). Многие нуклеотиды являются косубстратами (коферментами) многих ферментов, но объединение нуклеотидов в нуклеиновые кислоты создает матрицы для возобновления самих ферментов. Структура гиперцикла представляется главным, если не единственным условием для интериоризации метаболических бифуркаций.

Нашей задачей вовсе не является формулировка новой гипотезы происхождения генетических систем, напротив, хотелось бы отметить несущественность этого вопроса для понимания трансформаций метаболизма. По нашему мнению, ключевыми предпосылками интериоризации метаболических бифуркаций в генетическую систему являются ее избыточность и лабильность, т.е. возможность дупликаций и амплификаций генов и их горизонтального переноса. Прогрессивная эволюция, как следует из всего нашего изложения, носит преимущественно эпигенетический характер, а изменение систем регуляции в ходе эволюции нередко может означать, что эпигенетическое изменение позволяет по-новому читать уже имеющийся текст. Дифференцировка и онтогенез обеспечиваются эпигенетическими механизмами, причем генетические системы могут определять возможность реализации нескольких программ развития. Формирование нового метаболического пути, цикла и т.д. должно быть, конечно, закреплено генетически, но это закрепление может проходить разными путями. Е.Е. Сельков (1979) сделал вывод о том, что цепь метаболических реакций предшествовала формированию соответствующих ферментных систем. Аналогично и генетические системы наследственно закрепляют появляющиеся метаболические пути и циклы. Для генетического закрепления бифуркаций в ход могут пойти различные генетические перестройки: точно так же, как в лингвистике нет единой теории эволюции языка, но имеется ряд феноменологических закономерностей (опрощение, переразложение и т.д.), так и в биологической эволюции представляется невозможным свести генетические механизмы прогрессивных изменений к какой-либо универсальной схеме.

Генетическая фиксация новых эпигенетических свойств может происходить различными путями, но количество этих путей ие может быть безграничным: в формировании гиперцикла может быть реализовано только ограниченное количество вариантов, соответствующих оптимальным решениям. Это связано с тем, что функционирование каждого гена опосредовано действием других генов, при этом только определенные комбинации могут быть оптимальными.

Появление автокаталитических свойств (самовоспроизведения) у множества полипептидов рассматривается Кауффманом (Kauffman, 1986) как существенно неизбежное коллективное свойство любой достаточно сложной системы полипептидов. Участие нуклеиновых кислот представляет важное условие для отбора пептидов с полезными свойствами. Становится очевидным, что авторепликация является внутренним свойством, обусловленным взаимодействиями элементов в таких системах, которые могут быть даже более простыми, чем обычно предполагается. Детальный формальный анализ зтой проблемы был недавно проведен (Reggia et al., 1993).

2.6. ИЗОФЕРМЕНТЫ

Существование множественных молекулярных форм ферментов (изоферментов) является результатом генетической избыточности вследствие дупликаций генов. Множественные молекулярные формы появляются также в результате альтернативного процессинга РНК (сплайсинга) или посттрансляционных модификаций ферментных молекул.

Известно, что разные изоферменты характеризуются различными числами оборотов и константами Михаэлиса. Небольшие изменения в молекулярной структуре приводят к изменению времени фермент-субстратного взаимодействия и, как следствие, специфичности того или иного изофермента к субстрату прямой и обратной реакции, а также к ингибиторам, причем это изменение может быть различным для той и другой реакций.

Предположим, что фермент катализирует реакцию, которая может протекать как в прямом, так и в обратном направлении. В результате дупликации гена и аминокислотной замены возникает новая изоформа с измененным сродством к субстратам прямой и обратной реакций. Налицо диссимметризация, хотя и незначительная, первоначально линейного метаболического пути. При этом происходит некоторое расщепление метаболических потоков. Если учесть, что изменяются числа оборотов, т.е. меняется синхронизация колебаний ферментной молекулы с колебаниями мультиферментной системы, в которой она функционирует, то становится очевидной предпосылка формирования нового метаболического потока. Конечно, первоначально мы не имеем строгого разделения во времени прямой и обратной реакций, как в случае футильных циклов, но возникает предпочтительное участие определенного изофермента в конкретном метаболическом потоке. Следствием является разделение одного потока на несколько. В одном, например, может участвовать более медленный изофермент, если предпочтительно медленное, но более специфическое превращение субстрата. В другом более быстрый изофермент будет катализировать менее специфичное превращение субстрата, в котором более вероятны бифуркации. Вполне реально, что возникновение новой изоформы "интериоризует" бифуркацию, возникшую в каком-либо пути, и расщепление пути закрепляется генетически.

Хорошей иллюстрацией этих рассуждений служат работы Клечковского (Kleczkowski, Edwards, 1989) в которых показано наличие множественных форм гидроксипируват (глиоксилат) редуктаз, различающихся по специфичности к глиоксилату и гидроксипирувату, НАДН и НАДФН, а также к ингибиторам, и локализованных в пероксисомах, цитозоле и хлоропластах. Они участвуют в различных метаболических путях, образовавшихся в результате расщепления первоначально единого фотодыхательного пути. Показано также наличие в растительной клетке гексокиназ, различающихся по локализации и по специфичности к различным субстратам (глюкозе, фруктозе, маннозе, а также нуклеозидтрифосфатам) (Schnarrenberger et al., 1990).

Наличие изоферментов в биологических системах весьма существенно влияет на метаболическую организацию. Если субстрат превращается в продукт двумя изоферментами с различными числами оборотов, появляется возможность обратимых или необратимых переходов при изменениях параметров реакции и система становится нелинейной. Интересно отметить, что в триггерной модели регуляции метаболизма (Григоров и др., 1967) уже сама по себе избыточность может вести к появлению нелинейности в системе. Взаимодействие двух симметричных изоморфных процессов может в определенных условиях порождать диссимметрию. Если же процессы даже незначительно отличаются друг от друга, то нелинейность может существенно усиливаться. Было показано, что конкуренция за один субстрат может вызывать в метаболизме осцилляции и триггерные явления.

Формальная модель осцилляций, обусловленных функционированием двух изоферментов, была предложена И. Ли и А. Голдбетером (Li, Goldbeter, 1989). Она показывает, что кинетические различия между двумя ферментами вызывают сложные колебательные процессы. В этой модели наблюдается одновременное существование двух устойчивых колебательных режимов ("биритмичность") и могут возникать бифуркации, ведущие к образованию устойчивого цикла с малой амплитудой, сосуществующего с устойчивым циклом с большой амплитудой. Следовательно, существование изоферментов весьма важно для формирования сложной пространственно-временной организации метаболической сети. Данный вывод согласуется с утверждением о важной роли изоферментов в разветвлении потоков метаболитов. Благодаря наличию изоферментов формируются множественные пулы интермедиатов, разделенные функциональными компартментами. В связи с этим поддерживается разветвленная структура метаболизма, в которой общие интермедиаты не перетекают между различными путями превращений.

Изоферменты разных метаболических путей могут принципиально различаться по способам регуляции. Например, цитратсинтаза митохондрий ингибируется АТФ, тогда как тот же фермент глиоксисом не ингибируется. Эти различия могли быть возникшим позднее в эволюции следствием первоначальной дивергенции двух форм цитратсинтазы в результате "пришивания" домена, обеспечивающего аллостерическое взаимодействие с АТФ.

Различная компартментация разных изоферментов рассматривается нами как следствие первоначальной случайной дупликации. Как и различия в аллостерической регуляции разных изоформ, она может возникать в результате "пришивания" определенных сигнальных доменов или последовательностей к разным изоферментам, что направляет их в разные компартменты. Из этого следует, что появление изоферментов не является результатом адаптивного эволюционного процесса. Вместе с тем оно способствует усложнению структуры метаболических путей и формированию новых потоков, что может привести к появлению новых свойств, имеющих адаптивное значение.

2.7. ДЕПОНИРОВАНИЕ И РИТМЫ

Разделение прямого и обратного направлений реакции приводит к возможности появления колебаний в системе. Они возникают, когда, например, продукт прямой реакции или последующих превращений ингибирует ее при накоплении и (или) активирует обратную реакцию, и наоборот: продукт обратной реакции ингибирует ее при накоплении и активирует прямую. Б. Гудвин (1966) строит схему временной организации клетки именно на основе принципа обратной связи и аллостерической регуляции.

Работы Е.Е. Селькова показали, что для наличия устойчивых колебаний системы необходимы два депо — например, углеводы и жиры в энергетическом гомеостате организма, между которыми существуют периодические колебательные изменения, а богатые энергией соединения (АТФ) обеспечивают регуляцию интенсивности маятника, тогда как ритм представляется носящим эндогенный характер (Сельков, 1979, Selkov, 1975). Значительный объем энергетических депо обусловливает суточную периодику циркадных ритмов, тогда как ритмы биохимических процессов имеют период порядка долей секунд, секунд, минут. Неравновесный фактор, трансформируемый в виде депо макроэргов (АТФ), поддерживает устойчивый характер колебаний между двумя энергетическими депо. В данном случае мы имеем модель маятника с регулируемым основанием.

Итак, разделение прямой и обратной реакций и их реципрокная регуляция приводят к разделению во времени прямого и обратного потоков и к возникновению внутреннего ритма в системе, подпитываемого внешним притоком энергии. Прямой и обратный пути метаболизма оказываются связанными с двумя депо, между которыми с определенным периодом перетекает вещество. Депо должно быть компартментно отделено от метаболической части, в связи с чем между компартментами должны возникнуть системы транспорта. Депонируемые соединения направляются обычно в неплазматический компартмент, отделенный от цитозоля одной мембраной, либо накапливаются в межклетниках и т.д. Соединения, которые у водорослей экскретировались в окружающее пространство, у высших растений аккумулируются в неплазматическом компартменте – вакуоли. Именно это депо в значительной степени определило особенности морфологии высших растений, поскольку его появление приводит к усложнению взаимосвязей внутри системы и к развитию новых структур. Очевидно, первичным неравновесным фактором, вызвавшим эти преобразования при выходе растений на сушу, был градиент вода – суша. Он определил возможность формирования градиентов между плазматическим и неплазматическом компартментами и транспорта между этими частями клетки, запускаемого внешними факторами (увлажнение-высыхание, день-ночь и т.д.). Неплазматический компартмент, таким образом, может рассматриваться как интериоризованное внешнее пространство.

В вакуоли из ферментативных реакций присутствуют в основном только гидролитические, они регулируют гомеостаз и осмотическое давление. Часть неплазматического компартмента за счет направленности переноса (гетеротопии) определенных ферментов может специализироваться и осуществлять отдельные реакции энергетического и конструктивного обмена, превращаясь в промежуточное депо метаболизма. Так, из органелл терминального флавинзависимого окисления в органеллы промежуточного окисления превратились микротельца (пероксисомы), осуществляющие реакции, сопряженные с исходной флавинзависимой реакцией и с разрушением пероксида водорода, в результате чего микротельца специализировались и образовали глиоксисомы, фотодыхательные пероксисомы, уреидные микротельца и др. (Игамбердиев, 1991). Реакции, которые связаны с превращением липидов в углеводы, для быстрого прохождения начальных фаз онтогенеза при прорастании не должны быть сопряжены с ЭТЦ и энергетическим зарядом клетки, поэтому они оказываются сопряженными с быстрым флавинзависимым окислением в пероксисомах. При фотодыхании интенсивность метаболического потока углерода определяет необходимость метаболизации независимо от других процессов, поэтому гликолатдегидрогеназа, сопряженная с ЭТЦ, в процессе эволюции утратилась и процесс оказался связан с флавинзависимой оксидазой. Таким образом, пероксисомы являются органеллами промежуточного неплазматического окисления и сопряженных с ним реакций, в то время как в вакуоли преобладает гидролитический метаболизм. Первые обеспечивают максимальную скорость метаболических потоков, тогда как вторые связаны с генерацией градиентов концентраций и зарядов и с появлением эндогенных ритмов длительного периода.

Е.Е. Сельков (1979) приводит аргументы в пользу того, что благодаря колебательному режиму работы футильных циклов энергетический метаболизм выполняет функцию клеточных часов – системы, служащей основой временнóй организации клетки и внутриклеточным эталоном суточного времени.

Рассмотрим возможность появления колебаний на примере метаболизма органических кислот растений. Основные депонируемые кислоты растений – это малат и цитрат. Накопление их идет с участием реакций цикла Кребса, и рассогласование времен прямой и обратной реакций, очевидно, приводит к депонированию той или иной кислоты. В зависимости от кинетических характеристик конкретного фермента на определенной стадии онтогенеза у каждого вида будет депонироваться определенная кислота. Сейчас почти очевидно, что цикл Кребса может рассматриваться как состоящий из двух полуцепей реакций, необратимым образом соединяемых на уровне 2-оксоглутарат-дегидрогеназного комплекса. Этот участок шунтируется последовательностью, включающей образование гамма-аминомасляной кислоты. Одна половина цикла является преимущественно конструктивной, тогда как другая – окислительной. Одна реакция в ней является флавинзависимой и сопряженной с ЭТЦ принципиально иным образом, являясь энергетически более лабильной.

Действительно, окисление янтарной кислоты имеет значительное преимущество перед остальными субстратами, и возможен обратный перенос электронов с сукцината на НАД против градиента электрохимического потенциала. Иначе говоря, в данном случае мы снова сталкиваемся с диссимметричностью в цикле, которая могла явиться предпосылкой его формирования. Одна из реакций оказывается не сопряженной с пулом НАД и может регулировать соотношение восстановленных и окисленных пиридиннуклеотидов.

Рассмотрев последовательность реакций, сопряженных с начальным участком цикла трикарбоновых кислот у растений (взаимопревращения малата, пирувата, фосфоенолпирувата, цитрата и ацетил-КоА), мы обнаружим, что практически все реакции расщеплены, т.е. идут разными маршрутами в прямом и обратном направлениях. Это обусловливает возможность появления депо, между которыми будут совершаться колебания. Амплитуда колебаний может определяться концентрацией CO_2, который поглощается в одних и выделяется в других реакциях, восстановительным потенциалом и энергетическим зарядом, генерируемыми при фотосинтезе. Для создания устойчивого состояния необходима зависимость только от одного фактора, обеспечивающего интенсивность колебаний: если колебания будут зависеть от CO_2, то окисление НАДН, к примеру, не должно зависеть от каких-либо других факторов. С другой стороны, если главным процессом, связанным с протеканием определенной последовательности реакций, является образование и гидролиз АТФ, то этот процесс не должен зависеть от упомянутых реакций, связанных с использованием CO_2. Именно выделение одного главного "бокового" фактора в метаболических путях определяет наличие разных путей окисления НАД(Ф)Н в митохондриях и других компартментах, каждый из которых связан с определенным маршрутом метаболитов. Отсюда проистекает необходимость наличия в растительной клетке цианидрезистентного дыхания, окисления НАД(Ф)Н на внешней стороне внутренней мембраны митохондрий и других не сопряженных с генерацией АТФ процессов.

Действительно, генерация НАДФН и АТФ в световой фазе фотосинтеза может протекать интенсивнее, чем их расход в темновой фазе, который определяется концентрацией CO_2 в атмосфере, уменьшающейся по мере эволюции биоты в результате самой фотосинтетической активности. Поэтому в ходе эволюции за счет увеличения соотношения O_2/CO_2 в атмосфере усилились окислительные процессы при фотосинтезе и оказалась необходимой генерация системы концентрирования CO_2. Это послужило основой трансформаций и усложнения метаболизма растений: возникло фотодыхание, другие фотоокислительные процессы, усилились реакции вторичного метаболизма, связанные с окислениями, в конечном итоге сформировались пути фотосинтетического метаболизма: C_4- и САМ-метаболизм.

В окислительных процессах, связанных с фотосинтезом, могут возникать периодические колебания. Таковыми являются, например, колебания карбоксилазной и оксигеназной реакций рибулозобисфосфаткарбоксилазы, характеризующиеся определенным ритмом. Механизм их не совсем ясен. Колебательный характер, вероятно, имеется при функционировании фотодыхательного гликолатного цикла; колебания могут быть связаны с регуляцией гликолатоксидазы и глицераткиназы глутатионом, что опосредовано образованием пероксида водорода в гликолатоксидазной реакции.

C_4-тип фотосинтеза характеризуется особой пространственной организацией метаболизма, САМ- тип связан с определенной временнóй организацией; оба они характеризуются определенными чертами анатомии. И в том, и в другом случае пространственно-временная структура определена организацией метаболизма (структурой циклической последовательности реакций переноса CO_2 в цепи реакций от карбоксилирования фосфоенолпирувата до карбоксилирования рибулозобисфосфаткарбоксилазы в цикле Кальвина), т.е. тем, как организована взаимосвязь конкретных реакций с транспортными процессами и как компартментируются фонды депонируемых субстратов. Типы фотосинтетического метаболизма возникают просто как реализации возможных состояний и лишь затем приобретают адаптивное значение. Так, наиболее примитивный, первоначально возникший в эволюции "циклический CAM" (CAM-cycling), очевидно, вообще лишен приспособительного значения, которое возникает позже у других видов в ходе усовершенствования метаболизма и появления новых сопряжений. Внешние условия определяют возможность определенного разнообразия метаболической организации, а адаптивность есть не предпосылка, а следствие трансформации. В одном случае более адаптивным оказывается тот или иной тип C_4-метаболизма, в другом – CAM. Предпосылкой же того или иного типа метаболизма служит возможность различной пространственно-временной организации последовательностей реакций, в данном случае фиксации и концентрирования CO_2.

Периодические колебания позволяют использовать две меры времени в описании биологических систем. Внешняя мера характеризует изменения системы, рассматриваемой как структурное образование (лабораторное время). Внутренняя мера характеризует внутренний ритм жизни системы (собственное время). Лабораторное время измеряется обычными часами, собственное – характерными ритмами жизнедеятельности системы. По мнению Б. Гудвина (1979), такими ритмами в клетке могут служить, в частности, незатухающие колебания концентраций макромолекул, возникающие вследствие существования отрицательных обратных связей в цепях биохимических прекращений.

На основании вышеизложенных рассуждений можно оценить некоторые результаты экспериментальных исследований. Прежде всего следует упомянуть о работе Торнтвейта (Thorntweight, 1953), в которой автор, работая с горохом, в качестве единицы времени использовал промежуток между появлениями соседних узлов на стебле, переводя скорость развития узлов в "ростовые единицы". Эти промежутки имели различную длительность в календарных единицах времени, но с их помощью оказалось возможным лучше предсказывать урожай и управлять его сбором, чем при использовании дней и часов.

Особого внимания заслуживает так называемая функция Г. Бакмана (Backmann, 1943), основанная на представлении о биологическом времени как собственной характеристике жизненного процесса. Биологическое время рассматривается Г. Бакманом как логарифмическая функция обычного физического времени. Константы выведенного им уравнения (функция Бакмана) зависят от темпов роста или других процессов организма. С помощью функции Бакмана можно, определив промежуток между рождением и наступлением половой зрелости животного, предсказать среднюю продолжительность его жизни.

Глава 3

ЗАКОНОМЕРНОСТИ МОРФОГЕНЕТИЧЕСКИХ ПРОЦЕССОВ

3.1. ЭПИГЕНЕТИЧЕСКАЯ ДЕТЕРМИНАЦИЯ

Рассмотрение онтогенеза только как развертывающейся программы, как процесса, детерминированного только генетически, очевидно, является упрощением. Б. Гудвин (Goodwin, 1982) называет "романтическим идеализмом" представление о том, что генетика может решить проблемы морфогенеза, что вся программа развития закодирована в генах. Он также отмечает, что наследуются не только гены, но и вся биологическая организация с широким диапазоном морфогенетических потенций, описываемых в терминах морфогенетических полей. В том же ключе подходит к решению проблем морфогенеза и Л.В. Белоусов (1981, 1987, 1990). В работах его лаборатории получены весьма интересные результаты, экспериментально подтверждающие определяющую роль биологической организации (и конкретно – временнóй) в детерминации процесса развития. Так, было показано, что бóльшая корреляция и парасинхронизация клеточных циклов в дорзальной области эмбриона лягушки по сравнению с вентральной способствуют более эффективным межклеточным взаимодействиям, которые в данном случае необходимы для дифференцировки осевых органов (Трубникова, Белоусов, 1981). При изучении механизмов сомитогенеза (сегментации мезодермы) в эмбриогенезе курицы было обнаружено, что специальные структуры, называемые клеточными веерами, принимают участие в процессе самоорганизации сомита. Благодаря этим структурам сомит осуществляет "самоизмерение" своей длины, в результате чего его размер оказывается строго коррелированным с размерами зародыша (Наумиди, Белоусов, 1981).

Анализ эмбриологических данных позволяет сделать вывод, что временной процесс в конечном итоге не сводим полностью к формальному языку. Разумеется, поиски более высоких, чем генетический код, уровней кодирования должны вестись, но в конечном итоге встает проблема – как необратимость временно́го развития системы обусловлена ее организацией.

Геном, вероятно, предусматривает возможность нескольких путей развития, реализующихся на эпигенетическом уровне. Так, было показано, что у лиственных мхов наблюдается смена доминирования гаметофитного и спорофитного типов морфогенеза, отражающих два противоположных друг другу направления развития, и это определяет чередование гаметофита и спорофита в жизненном цикле лиственных мхов (Рипецкий, 1985). Известны и другие примеры такого рода. Очевидно, в данном случае имеет место эпигенетическая детерминация. Она приводит к стойким изменениям, которые наследуются в клеточных поколениях, но эти изменения могут не быть полностью необратимыми. Эта детерминация действует на более высоком уровне, чем генетическая. Ее параметрами могут служить различные индукторы, однако сейчас становится вполне очевидным, что директивный индуктор не может рассматриваться как информационная молекула.

Отмечается, что морфогены в строгом смысле не являются носителями морфогенетической информации, а только обеспечивают определенные этапы морфогенетических тканевых взаимодействий. Система, для того чтобы оказаться в новом стабильном состоянии, не нуждается в каком-либо специфическом воздействии извне; это состояние достигается как результат эволюции вполне произвольного начального возмущения малой амплитуды. В этой связи становятся понятными давние опыты Й. Гольтфретера (Holtfreter, 1936), в которых действие индуктора приводило к возникновению в покровной эктодерме не только ожидаемых нейральных, но также мезо- и даже эктодермальных структур. Иначе говоря, индуктор не является в общем случае строго специфичным, он делает систему менее устойчивой к возмущениям и тем самым открывает возможности для перестроек топологии и возникновения новых структур.

Рассматривая процесс дифференцировки, мы наглядно видим, что включение и выключение целых блоков генов находится под контролем регулирующих систем наиболее высокого уровня иерархии – эпигенетического уровня. Открытие непостоянства генома также вносит определенные коррективы в рассмотрение онтогенеза как развертывающейся программы. Вполне вероятно, что здесь должна играть важную роль эпигенетическая детерминация, поскольку перемещение генов не является просто случайным процессом.

Диссимметризация, означающая возникновение новой информации, всегда предваряется затратами энергии. Применительно к биологической системе разделение прямой и обратной реакций, генерация бифуркаций и т.д., являются поначалу "расточительством" и исходно не могут рассматриваться как адаптивный процесс; напротив, они снижают адаптивные возможности системы. Только после "интериоризации" бифуркации (в результате формирования либо нового цикла, либо других систем утилизации новообразующегося вещества) затраты энергии могут "окупаться". Для интериоризации бифуркации необходима генетическая избыточность, которая обеспечивает закрепление в геноме формирующейся новой структуры в виде программы ее реализации. Из этого следует, что не генетические изменения (мутации, рекомбинации) определяют прогрессивную эволюцию: они лишь закрепляют новую структуру, формирование которой оказалось возможным благодаря реорганизации потоков вещества и энергии в биосистеме. Именно метаинформация (выраженная в эпигенетических структурах) определяет возможность появления соответствующей информации (генетических структур).

Эпигенетическое изменение, которое закрепляется генетически иногда только потому, что позволяет по-новому интерпретировать уже имеющийся генетический текст (за счет изменения функционирования систем генетической регуляции), не является в общем случае адекватным приспособлением к действию внешней среды. Новое свойство, ставшее, например, предпосылкой для замыкания нового цикла, не есть в тривиальном смысле приспособление, но есть предварение новой эволюционной реализации, новой экологической ниши. Иными словами, эти ниши возникают вместе (одновременно) с появлением новых признаков, но не предшествуют им.

Центры происхождения новых форм должны быть приурочены к тем местообитаниям, где расходование энергии меньше сказывается на выживании. Только появление механизмов, компенсирующих это расходование энергии, позволяет новообразованным формам мигрировать из центров происхождения. Это является основой фито- и зооспрединга (Мейен, 1987).

Полезна или нет новая структура, определяется не средой, предшествовавшей появлению данного эволюционного изменения, а той измененной средой, которая сопутствует его появлению и распространению. Предсказать заранее весь комплекс этих изменений в общем случае нельзя, поэтому "истинность" или "ложность" новых структур будет определяться именно через фальсификацию (в попперовском смысле), а не через соответствие заранее заданной косной реальности.

Как мы показываем, некоторые исходные принципы (диссимметризация в метаболическом пути и, как следствие, разделение прямого и обратного направлений, ликвидация сопряжений и генерация их на новом уровне, депонирование из циклов и появление ритмов концентрационных колебаний) позволяют дать объяснение наблюдаемым биологическим трансформациям и наметить пути теоретического осмысления пространственно-временной организации биологических систем. Далее мы рассмотрим некоторые конкретные аспекты детерминации морфогенетического процесса.

3.2. ЦИКЛЫ И МОРФОГЕНЕЗ

Кинетические особенности могут приводить к пространственным геометрическим эффектам. Структура может рассматриваться как морфологическое закрепление кинетики. Разнообразие возникающих структур ограничено условием минимума свободной энергии. Изменения энергетических характеристик процесса ведут к структурным изменениям системы.

По всей видимости, центральной для понимания генерации структур в биологических системах является концепция цикломерии С.В. Петухова (1986). Биохимический цикл, являющийся системой "входа и выхода" определенных компонентов, представляет собой характерную ось, относительно которой организуются биологические структуры. Криволинейный характер этой оси будет определять принцип построения биологических структур – криволинейную симметрию. При этом, согласно С.В. Петухову, симметрия живых организмов описывается в понятиях конформной геометрии, а симметрия кристаллов оказывается ее частным случаем. Структуры, построенные по принципу цикломерии, связаны именно с циклической организацией метаболизма.

Вероятно, именно циклы (биохимические, электрохимические и т.д.) являются организующим принципом генерации морфологических структур. При этом даже незначительные изменения параметров цикла приводят к существенной перестройке морфологии целого организма. Морфология формируется устойчивыми траекториями депонирования определенных соединений. Поскольку эти соединения являются продуктами циклов, в которых утилизируемые соединения определенным образом преобразуют свою структуру, то цикл, очевидно, представляет собой организующее звено в генерации морфологических структур. Образование новых циклов надстраивает новые траектории, что приводит к усложнению морфологии. Простейший пример формирования морфологии – отложение оксида железа при образовании капсул, которое обусловлено экскрецией пероксида водорода в окислительных ветвях метаболических путей микроорганизмов.

Регуляторные продукты метаболизма, например гормоны, изменяют морфологию, воздействуя на бифуркации. Они не являются носителями морфогенетической информации, обеспечивая лишь определенные этапы морфогенетических тканевых взаимодействий. Индуктор делает систему менее устойчивой к возмущениям и тем самым открывает возможности для перестройки топологии и возникновения новых структур.

Одна и та же структура в разных условиях может возникать в отсутствие гормонов или же только при их действии. Например, в гаметофитах папоротника *Pteris vittata*, растущих на свету, образование антеридиев находится под гормональным контролем, тогда как при росте в темноте они формируются спонтанно (Gemmrich, 1986). Примеров таком рода можно привести немало.

Как нам представляется, регуляторы роста и метаболизма делают более вероятным переход системы в новое состояние, воздействуя на бифуркации. При этом система на какое-то время оказывается менее устойчивой и может легче перейти в новое состояние. Вероятно, в данном случае не имеется строго определенного единственного механизма действия регуляторов роста, однако в общем случае ускорение или замедление биологических процессов, очевидно, должно быть связано с воздействием на эндогенные ритмы. Последние же определяются характерными временами метаболических циклов, и их ускорение связано с переключением на несопряженные процессы, сопровождающиеся диссипацией энергии.

Возникновение укороченных циклов имеет место, как уже было сказано, например, при большом количестве свободных радикалов в среде. При этом снижается специфичность взаимодействий, но ускоряется протекание некоторых процессов в условиях уменьшения упорядоченности системы. Так, фотоокислительные процессы по типу реакции Мелера ускоряют метаболизм и деградацию ряда соединений. Действие регуляторов роста растений может также опосредоваться образованием свободных радикалов в клетке.

Изменение эндогенных ритмов может быть связано с действием на протонные насосы (энергизация и деэнергизация мембран), что приводит к эффектам, обусловливающим морфогенетические процессы. Так может действовать индолилуксусная кислота, а также другие регуляторы роста.

Итак, морфология является результатом пространственно-временной организации потоков вещества и энергии в биосистемах. Трансформация морфологии происходит при изменении организации этих потоков. Показано, что переходу системы в дифференцированное состояние предшествует интенсификация метаболических процессов (Белоусов и др., 1985). Изменение временных интервалов циклов (например, при ликвидации сопряжений или при изменении структуры ферментов) приводит к изменениям координатной сетки в смысле В. д'Арси Томпсона (Thompson d'Arcy, 1917) и к трансформациям, поддающимся описанию в рамках геометрического подхода. Если наложить на контур организма или его органа прямоугольную координатную сетку, а потом подвергать ее непрерывным преобразованиям, то в измененной координатной сетке получаются реальные формы видов, родственных исходному. Эти трансформации выражают плавные усиления или ослабления роста и могут быть связаны с изменениями скоростей отложения депозитов из биохимических циклов.

В ходе морфогенеза многие процессы протекают в соответствии с законами конформной симметрии (Петухов, 1981). Конформные преобразования характеризуются тем, что каждый достаточно малый элемент сохраняет геометрическое подобие, в то время как форма всего тела это подобие утрачивает. Конформные преобразования связаны также с сохранением углов между звеньями структуры при их растяжении. Структуру, обеспечивающую конформные преобразования, представляют целлюлозные оболочки клеток растений. В данном случае становится очевидной роль механических структур при морфогенезе, о чем будет подробнее сказано далее.

Степень криволинейности симметрии обусловливается временем оборота цикла и различием времен протекания конкретных его реакций, формирующих две половины цикла, что в конечном счете определяет степень интенсивности депонирования. Если депонируемые соединения способны подвергаться обратному превращению, то между двумя депо возможны колебания, как это имеет место у семейства толстянковых. Если же депозит переходит в нерастворимую форму, то он формирует "скелет", откладываясь в неплазматическом компартменте (в вакуоли или межклетниках). Целлюлоза, лигнин и другие соединения, формирующие клеточные стенки, есть результат отложения избыточной части углеводного и соответственно фенольного депо, переходящей из метаболической в структурную форму. Образование морфологических структур будет результатом интерференции концентрационных колебаний веществ, участвующих в формировании структуры. Так, для образования клеточных стенок помимо "структурного материала" необходимы определенная концентрация H_2O_2, обеспечивающая "сшивание" фибрилл под действием пероксидаз, а также определенный уровень фитогормонов.

Весьма интересны. исследования, показывающие, что морфология пероксисом определяется их специализацией, т.е. метаболическими реакциями, протекающими в них (Vaughn, 1985). То же касается и других клеточных органелл (хлоропластов, митохондрий).

Наиболее известной моделью для изучения морфогенеза является формирование плодового тела у миксомицетов. В этой модели учитывается, что морфогенез обеспечивается выделением морфогена – циклического АМФ, причем встречные его волны, испускаемые разными клетками, интерферируют, происходит аннигиляция сигналов в одних точках и усиление в других. В общем случае топология и структура плодового тела зависят от трех факторов: плотности клеток, длительности культивирования клеток в стационарном режиме и от синхронизации клеточных делений слизевиков. Таким образом, временные и концентрационные параметры указанной модели полностью определяют размер и структуру образующегося плодового тела. Известная модель Тьюринга учитывает только концентрацию морфогена, что представляется упрощением. В таком процессе, как впячивание бластулы, решающая роль принадлежит рассинхронизации скоростей клеточных делений, т.е. циклов репликации.

Элементарный морфогенетический процесс – сворачивание белковой глобулы – определяется условием минимума свободной энергии, что соответствует оптимальному количеству доменов. Каждый домен, как установлено, характеризуется своим протонным циклом, эти циклы должны быть синхронизированы, н вокруг них собирается вся молекула. Очевидно, ритмы и морфогенез тесно взаимосвязаны, и мы имеем фундаментальную зависимость между "картами и часами" в биологии. Следовательно, основы морфогенетических процессов могут быть найдены во внутриклеточной метаболической организации.

3.3. РОЛЬ МЕМБРАННЫХ И КОРТИКАЛЬНЫХ СТРУКТУР В МОРФОГЕНЕТИЧЕСКИХ ПРОЦЕССАХ

В обеспечении морфогенеза важную роль выполняют структуры, играющие роль "подложки", т.е. той неоднородности, которая определяет процесс самоорганизации. Такой структурой является, например, мембрана, осуществляющая депонирование зарядов и тем самым переход на макроскопический временной уровень. Депонирование зарядов запускает в свою очередь транспорт ионов и метаболитов. Возникает "аутоэлектрофорез" внутри клетки, обеспечивающий разделение молекул, в первую очередь белков, т.е. вслед за зарядовой концентрационную и метаболическую поляризацию клетки, что является предпосылкой морфогенетических процессов. Подложка обеспечивает функционирование ферментных систем, и в процессе каждого акта катализа имеет место обратимая десорбция фермента с подложки. В соответствии е симметрией подложки формируются и ферментные системы. Подложка в некотором смысле является "центром кристаллизации" биологической системы, но она не определяет морфологию полностью, как в случае центра кристаллизации у кристаллов, а служит условием формирования запускающего морфогенетический процесс неравновесного фактора. Фазовое отделение подложки от окружающего пространства обеспечивает ее роль как механического барьера, являющегося условием протекания морфогенеза.

Такая заряженная структура, как мембрана, играет важную роль в образовании и поддержании функциональных взаимодействий между связанными ферментами, разделенными большими расстояниями. Показано, что пространственная организация ферментов, подчиняющихся кинетике Михаэлиса-Ментен, на мембранной структуре может приводить к появлению кооперативных эффектов (Ricard et al., 1992). А мембрана может обеспечивать такое пространственное расположение ферментных систем, катализирующих прямую и обратную реакции, которое предотвращает бесполезную диссипацию энергии в футильных циклах путем трансформации футильного цикла в организованную структуру с регуляциями по типу прямой и обратной связи на больших расстояниях. Такая организация, связанная с мембранной структурой, может рассматриваться как предпосылка усложнения морфологии. Модель морфогенетического процесса, предложенная Ж. Рикаром (Ricard, 1987), описывает образование клеточной стенки. Фиксированные на мембране отрицательные заряды в этой модели модулируют активность связанных мультиферментных систем, в результате чего появляется сопряжение между ферментативными реакциями и диффузией реагентов. Это сопряжение между весьма простыми реакциями, совместное протекание которых в растворе приводило бы к футильной диссипации энергии, в результате компартментации на подложке (мембране или клеточной стенке), генерирует сложные динамические процессы, которые регулируются кооперативно и предотвращают футильное рассеивание энергии.

Ряд экспериментальных данных подтверждает тот факт, что морфогенетические процессы детерминированы мембранными и кортикальными структурами. Так, нарушая хирургическим путем ориентации и связи между участками кортекса реснитчатых и изучая устойчивость наследуемых аномальных структур кортекса, удалось показать значение кортекса в морфогенезе и его связь с информацией, содержащейся в ядре. Согласно Б. Гудвину (1979), молекулярные процессы в мембране и кортикальном слое, связанные с электрическими процессами, формируют градиенты метаболитов около мембран. Эти градиенты поддерживаются активацией и инактивацией аллостерических ферментов. Колебания концентраций метаболитов, возникающих в примембранном слое, обусловливают протекание морфогенетических процессов.

Благодаря работам Г. Оделла (Odell et al., 1981), Л.В. Белоусова (Beloussov, 1989) и Б.Н. Белинцева (1991) стало очевидным, что морфогенез представляет собой не только химический, но и механохимический процесс, в котором наличие неоднородностей, фазовых границ и механических напряжений играет важную роль. Существенной представляется также роль подложки в создании градиентов, которые обеспечивают формирование цикломерий. Именно подложка обусловливает формирование межкомпартментных циклов, а последние за счет неравновесных потоков поддерживают существование клеточных органелл. Деэнергизация мембран органелл сопровождается изменениями, которые способствуют протеканию гидролитических окислительных процессов и в конечном итоге деградации органелл.

Н.С. Курнаков рассматривал морфологию как проекцию в трехмерное пространство из многомерного пространства кинетических процессов и равновесий (см. Вернадский, 1988). Очевидно, данное представление может иметь эвристическую ценность, если мы рассмотрим проекции метаболических циклов на структуры, служащие подложкой (мембранные и кортикальные структуры и т.д.). При этом изменение времени цикла приводит и к изменению проекции, модифицируя тем самым морфологию. Морфогенетическое поле действует, таким образом, в пространстве физических полей. Метаболический цикл, характеризующийся определенным ритмом и генерирующий концентрационные волны, является первичным генератором морфологии, создавая условия формирования структур по принципу криволинейной симметрии.

3.4. МОРФОГЕНЕТИЧЕСКИЕ ПОЛЯ

Для описания биологического движения и в первую очередь морфогенетического процесса К.Х. Уоддинггон (1970) предложил термин "креод" как наиболее общее выражение целенаправленного процесса. Креоды составляют "эпигенетический ландшафт", в котором "долины" (креоды) символизируют устойчивые пути развития, "хребты" – неустойчивые переходные состояния, а развилки при входе в "долины" – моменты выбора между альтернативными путями развития. При этом воздействия самой разной природы переключают ход развития на одни и те же "стандартные" пути. Точки при морфогенезе движутся в зависимости от пространственного положения, размера эмбриона и от внутреннего закона движения, который индуцирует необратимость движения точки и обусловлен целостной организацией системы. Только благодаря этому внутреннему закону точка существует в необратимом времени и только после формализации этого закона время предстает как независимая переменная, а трансформация – как простое механическое перемещение. Такое представление можно соотнести с взглядами Г. Дриша (1915), считавшего, что для объяснения процессов морфогенеза аристотелевское понимание причинности адекватнее каузально-механического. Однако, рассматривая целостную организацию системы, мы видим, что структура и взаимодействие отдельных ее компонентов порождают такой феномен, как морфогенетическое поле. В этом понятии, таким образом, должны быть соединены объяснение процесса через отыскание его непосредственных причин и объяснение через указание цели.

Положение о наличии в живых системах векторных полей, ориентирующих движение молекул и целых клеток, выдвинул А.Г. Гурвич (1977). Он сделал вывод о необходимости отыскания инвариантных законов, описывающих эти поля, и предположил, что неравновесные надмолекулярные структуры участвуют в формировании этих полей.

Понятие поля дает феноменологическое описание основной особенности морфогенетических процессов – явлений дальнего порядка. Дальнодействующая когерентность в биологических системах находит свое обоснование в организации метаболических процессов, и порядок последовательных стадий морфогенеза может быть представлен как серия непрерывных переходов по мере изменения метаболизма. Возбуждение электрических колебаний на мембране или кортикальной структуре играет важнейшую роль в создании дальнодействующей упорядоченности в биосистемах. Актиновые волокна цитоскелета и их перестройки также обеспечивают эффекты дальнодействия, описываемые моделью морфогенетического поля.

В настоящее время становится очевидным, что ближние молекулярные и клеточные взаимодействия, известные в молекулярной биологии, недостаточны для объяснения морфогенеза и помимо дальнодействующих процессов, обусловленных мембранными структурами и цитоскелетом, важная роль отводится когерентным электромагнитным осцилляциям в микроволновой области (Ρорр, 1989). Впервые на роль этих процессов указал А.Г. Гурвич. Известен митогенетический эффект излучения, исходящего из биологической ткани. При проникновении этого излучения в другую ткань, она сама, в свою очередь, начинает излучать (вторичное излучение). Имеет место слабая эмиссия света от прорастающих семян, максимум которой наблюдается на 4-7 день прорастания, т.е. в период наибольшей интенсивности окислительных процессов, например окисления жирных кислот, что совпадает с интенсификацией процессов роста и морфогенеза. Как показывают данные, максимум излучения наблюдается за 1 час до деления клеток (Ruth, 1989).

У высокоразвитых видов слабая эмиссия света более выражена, чем у низкоорганизованных. Весьма важен вопрос об источниках слабых свечений, которые могут быть носителями морфогенетической информации. Представляется, что свечение является результатом окислительных метаболических процессов. Эта идея впервые была выдвинута А.Г. Гурвичем (Гурвич, Гурвич, 1948). Наиболее известный пример свечения связан с работой люциферазной системы. Однако и другие ферментативные процессы, характеризующиеся значительным изменением свободной энергии, сопровождаются слабой эмиссией света, причем частоты излучений различных ферментов (и изоферментов) могут быть различными. Вопрос о том, каким образом в этих излучениях закодирована морфогенетическая информация, остается открытым, тем не менее, можно предполагать, что наряду с гормональной системой, которая в свою очередь является производной от окислительных реакций вторичного метаболизма, сверхслабые свечения играют важную роль в детерминации морфогенеза. Возможно, изменения изоферментных спектров окислительных ферментов (в особенности пероксидаз) наблюдающиеся при переходе к новой стадии индивидуального развития или предваряющие ее, играют решающую роль "пусковых механизмов" отдельных стадий морфогенеза (В.Л. Воейков, личное сообщение), а усиление окислительных и свободнорадикальных процессов, предваряющее точки бифуркаций в индивидуальном развитии, важно не только с точки зрении создания "порядка из хаоса", но и для запуска окислительных ферментов, которые при испускании сверхслабых излучений определяют, "какой порядок" будет создаваться. Таким образом, неравновесные процессы, сопровождающиеся значительным изменением свободной энергии, могут порождать низкоэнергетические информационные процессы, детерминирующие переход к последующим стадиям индивидуального развития путем целенаправленных воздействий в бифуркационных точках.

Для каждого конкретного вида важной характеристикой является константа Рубнера – произведение интенсивности дыхания на продолжительность жизни. Эта константа учитывает энергетический метаболизм и характеризует креод всего онтогенеза в целом.

Значение окислительных процессов в индивидуальном развитии организмов, в том числе и в формировании морфогенетических полей, подчеркивается фактом возрастания интенсивности дыхания по мере усложнения организации (Зотин, 1984). У растений в ходе эволюции возрастает также доля дыхания, не сопряженного с аккумуляцией энергии (цианидрезистентное дыхание). Эмбриогенез характеризуется не понижением, а повышением относительной диссипации тепла, что свидетельствует об отдалении, а не приближении к стационарному состоянию. Биоэнергетический процесс осуществляется с помощью механизмов, связанных с усилением интенсивности дыхания, и может происходить следующими путями: 1) при уменьшении размеров организмов могут возникать новые эволюционные группы; 2) в случае неотении, когда организмы переходят к репродукции на более ранних стадиях развития с более высоким уровнем дыхания; 3) при адаптации к условиям среды, когда необходимо увеличение интенсивности дыхания (например, к условиям высокогорья, к условиям приполярных областей и т.д.) (Зотин, 1984).

Понятие морфогенетического поля является важной конструкцией для описания морфогенеза. Однако пока не будут изучены источники, формирующие поле, данная конструкция будет оставаться пригодной только для феноменологического описания трансформаций биосистем. Весьма важным является то, что поле формируется слабыми воздействиями, которые могут вызывать значительные перестройки структуры, в том числе и с изменением топологии.

Итак, морфогенетическая информация не может быть просто сведена к линейной последовательности генетического кода. Вполне вероятно, что ДНК хранит устойчивые когерентные состояния фотонов и кроме генетической информации она является носителем информации, необходимой для генерации трехмерных структур. Это может быть реализовано путем специфического переноса фотонов, обусловленного структурой и топологией участков ДНК (Popp, 1989). Когерентные состояния фотонов могут формировать "гештальт"-информацию, необходимую для морфогенеза. Очевидно, данные состояния связаны не только с ДНК, но и с другими клеточными структурами, и генерация фотонов в окислительных ферментативных реакциях также весьма важна для формирования морфогенетического поля.

В формировании морфогенетических полей возможно участие несиловых взаимодействий, восходящих к природе квантовых измерений и эффектам, связанным с парадоксом Эйнштейна-Подольского-Розена. Об этом говорит В.Е. Жвирблис (1993), который предполагает, что несиловое трехмерное поле, обусловленное топологической структурой молекул ДНК и ее изменениями, обеспечивает векторное движение макромолекул и организацию структур. По его мнению, топологические структуры ДНК формируют несиловое поле по тому же принципу, как, в соответствии с эффектом Ааронова-Бома, наблюдаются эффекты магнитного поля соленоида в точках, где напряженность магнитного поля равна нулю. Если соленоид свернуть в тор, то векторный потенциал приобретает соответствующую конфигурацию (D или L). Молекулы, в которых электроны движутся по спиральным траекториям, представляют собой аналог соленоида в эффекте Ааронова-Бома. В связи с этими представлениями несиловые взаимодействия являются первичными генераторами морфогенетического поля, тогда как физические взаимодействия представляют собой вторичные генераторы при образовании биологических структур.

Глава 4

О ЛОГИКЕ ФУНКЦИОНИРОВАНИЯ БИОЛОГИЧЕСКИХ СИСТЕМ

4.1. ПРОБЛЕМА ЦЕЛОСТНОСТИ БИОЛОГИЧЕСКОГО ОБЪЕКТА

Целостность биологического объекта реализуется на всех уровнях его структурно-функциональной организации. В области жизни непосредственные и однозначные причинные связи не могут дать ключ к объяснению функционирования биологических систем. Внутренняя детерминация реагирования живой системы представляет собой то, что не может быть объяснено в рамках простейшей механической каузальности.

Внешние факторы действуют на живой организм не механически, а преломляясь через внутреннюю среду биологической системы. Действие систем регуляции живого организма трансформирует внешние факторы. При этом целостность биологической системы оказывается детерминирующим фактором движения ее элементов. Каждое внешнее физическое воздействие опосредовано целостной организацией и попадает в русло внутренней детерминации реагирования живой системы.

Исходя из сказанного можно сделать вывод, что органический детерминизм включает в себя, наряду с однозначными причинными связями, внутреннюю детерминацию движения системы, выражающуюся в наличии прямых и обратных связей и корреляций в системе органического целого.

Центральный вопрос биологии – это выяснение того, как целостная организация биологической системы детерминирует ее движение и развитие и как она сама обусловлена исторически.

В процессе развития биологическая система осуществляет необратимый переход от одного состояния к другому, при этом происходит актуализация потенциальных возможностей системы, записанных в ее генетических структурах. Другая сторона принципа целостности биологического объекта связана с наличием в биологической системе регуляции, осуществляющейся по типу прямой и обратной связи. Саморегуляция целостной системы в ее взаимодействии с внешними факторами реализуется в соответствии с ее организацией. Различные уровни организации биологической систем образуют единое целое в результате их взаимосвязи – структурной и функциональной. Как писал И.И. Шмальгаузен (1982), «в индивидуальном развитии одновременно с расчленением организма происходит и усложнение системы корреляций, объединяющей развивающийся организм в одно целое».

Для концепции индивидуального развития весьма важны положения, разработанные Г. Дришем применительно к эмбриональному развитию. Одно из них – принцип эквифинальности, согласно которому система может достичь какого-либо состояния различными путями, в частности, при внешних воздействиях на процесс развития. Друге положение, установленное Г. Дришем, это закон, согласно которому ход развития каждой части зародыша определяется ее положением в целом организме. Благодаря им обосновывается понятие циклической причинной связи, которая объединяет в единое целое прямые и обратные связи. Можно оценить слова Гегеля (1977), писавшего, что "жизнь есть там, где внутреннее и внешнее, причина и действие, цель и средство, субъективность и объективность и т.д. суть одно и то же".

В настоящее время существует много спекуляций в связи с вопросом о происхождении жизни. Некоторые исследователи зачастую считают самым главным вопрос о том, что возникло раньше – нуклеиновая кислота или белок, генотип или фенотип. Некорректность такого подхода очевидна. Как писал Г. Патти (1970), "центральный вопрос происхождения жизни – это вопрос о том, какова простейшая экосистема". Таким образом, проблема целостности биологического объекта является центральной в обсуждении вопроса о происхождении жизни. В ее решении необходимо понимание   специфики   и   взаимодействия детерминизма физического и детерминизма органического. Здесь мы сталкиваемся с фактом, что уже в самых простых биологических системах возникает иерархия уровней детерминации и объект предстает как целостность.

Процесс эволюции, как и любой другой биологический процесс, подчиняется детерминистическим закономерностям, общим для всей живой материи, но имеет и специфику по отношению к остальным, более частным биологическим процессам. Эволюция происходит внутри целостной системы – в данном случае биосферы. Об адаптационных преимуществах новых форм можно говорить только в контексте биосферы, и именно ее целостная организация определяет, какие формы сохранятся, а какие элиминируются естественным отбором. Вместе с тем сама биосфера претерпевает существенные изменения в процессе эволюции организмов, и в этом смысле можно говорить об эволюции биосферы. В данном случае мы снова убеждаемся в сложности и неоднозначности причинно-следственных связей в биологии. При этом влияние деятельности живых организмов на неорганическую природу столь велико, что вполне обоснованно утверждать, что геологические процессы на Земле детерминируются деятельностью живых организмов. Наличие у планеты Земля геологической истории в том виде, который мы наблюдаем, в значительной степени обусловлено деятельностью живых существ. Содержание кислорода (а возможно, и азота) в атмосфере, отложения нефти, руд связаны с протеканием биологических процессов и являются следствием "биогенной миграции атомов" (Вернадский).

Объектом биологической науки является открытая органически целостная система, характеризующаяся способностью к самоорганизации, наличием корреляций и взаимосвязи функциональных компонентов. Биологическая система является целесообразной в ее реакции на действие внешней среды. Целесообразность необходимо понимать в рамках рационального холизма как отношение внутри целостной системы, как особый вид связи – связи начального и конечного состояния системы.

4.2. ПРЕДСТАВЛЕНИЯ АРИСТОТЕЛЯ О ЛОГИКЕ ЖИВОГО

Развитие теоретической биологии связано с разработкой понятийного аппарата для описания биологических процессов. Важное значение для этих целей имеет обращение к представлениям Аристотеля о жизни. Жизнью, по Аристотелю, следует называть то, что обладает спонтанной активностью, не сводимой к внешней детерминации. Это подчеркнуто в аристотелевском определении жизни ("Жизнью мы называем всякое питание, рост и упадок тела, имеющие основание в нем самом" – О душе II, 1, 412а). Поскольку все изменяющееся должно быть делимым (Физика VII, 5, 257а), естественное тело, причастное жизни, тоже является составным, и при этом одна его составляющая движет, а другая движется, т.е. имеет место фундаментальная диссимметрия в строении биологического объекта. То, что движет, составляет форму (энтелехию), которая, в свою очередь, бывает двух родов (как "знание" и как "деятельность созерцания"); то, что движется, составляет материю (субстрат), которая исходно есть возможность реализации формы (О душе II, 1, 412а). Таким образом, жизни присуща некая целостность, к которой восходит причина биологического движения и которая отображается в структуре живого организма, обладающего иерархией уровней. Более высокий уровень организации является движущим по отношению к нижележащему, реализующему это движение.

"Энтелехия как знание" определяет то, чем является живой организм, его существенные характеристики. Она есть единое (целостность), детерминирующее развитие биологического объекта по соответствующему пути. При этом она, очевидно, может быть обозначена (отображена) в определенных структурах организма, подобно тому, как сущность предмета (например, топора) выражена в его названии (имени), которое может быть произнесено или написано (О душе II, 1, 412b). "Энтелехия как знание" присутствует и тогда, когда отсутствуют видимые признаки жизни ("деятельность созерцания"); например в покоящемся семени, она также передается и по наследству. Наследственность, по Аристотелю, таким образом, связана не с переносом готовых форм (преформация), а, говоря современным языком, с переносом информации, приобретающей смысл в целостной системе развивающегося организма (в процессе реализации "деятельности созерцания").

Пространственно-временные свойства живых систем, по Аристотелю, также обусловлены их спонтанной активностью. Самодвижение подразумевает особый подход к времени (мере движения), которое не есть число, которым считают, а которое подлежит счету (Физика IV, 12, 220b). Развитие биологического объекта подразумевает наличие внепространственного (немеханического) движения (качественных изменений), которое есть не что иное как реализация возможности в соответствии с тем, как она определена энтелехией ("как знание"). Необратимое время при этом соответствует актуализации потенциальных возможностей системы и "подлежит счету" путем особого рода операций.

Представлениям Аристотеля о жизни свойствен рациональный холизм. Действительно, "если имеются части, то ничто не мешает, чтобы целого еще не было, так что части и целое не одно и то же" (Топика VI, 12, 150b). Однако целое определенным образом выражено в частях, присутствуя в виде "энтелехии как знания" как возможность своей реализации. Следовательно, целостность объекта мыслится Аристотелем рационально и может быть логически осмыслена.

Подводя итог анализу представлений Аристотеля о сущности жизни, необходимо отметить, что им были выявлены специфические черты биологического объекта, обусловленные его спонтанной активностью, и прежде всего семиотический (знаковый) характер биосистем, проявляющийся как на уровне внутренней структуры организма, так и во взаимодействии между организмами. Развитие теоретической биологии приводит к конкретизации и осмыслению заложенных Аристотелем идей. Эти идеи получили свое дальнейшее развитие и в принципе "устойчивого неравновесия" Э. Бауэра, в представлениях Г. Патти о биологической иерархии, в реляционной биологии Р. Розена. Логические конструкции теоретической биологии в значительной мере воссоздают аппарат, разработанный Аристотелем применительно к описанию жизни.

4.3. КОДИРОВАНИЕ В БИОЛОГИЧЕСКИХ СИСТЕМАХ

Открытие генетического кода явилось одним из важнейших фундаментальных достижений современной биологии. Оно показало, что биологическая система в некотором смысле имеет формализованное описание самой себя, процесса своего развития. Как подчеркивает Р. Якобсон (1985), "генетический код и языковой код базируются на использовании дискретных компонентов, которые сами по себе не имеют смысла, но служат для построения минимальных единиц, имеющих смысл, т.е. сущностей, наделенных собственным смыслом в данном коде". Отмечается также сходство генетического кода со старыми символическими системами, описанными в китайской "Книге Перемен" ("И Цзин").

Рассматривая развивающуюся биологическую систему , мы неизбежно приходим к проблеме "описания описания". Из логики известно, что эта ситуация приводит к формально-логическим противоречиям типа парадокса Эпименида о критском лжеце. Применительно к основаниям математики аналогичный случай носит название парадокса Ришара. Его решение заключается в том, что мы должны четко разграничивать язык-объект описываемой системы и метаязык нашего описания.

Однако сама биологическая система, будучи иерархически организованным целым, имеет несколько уровней описания, следовательно, язык иерархически более высокого уровня. относится к языку низших уровней как метаязык. Таков, например, "язык" системы взаимодействия белка-репрессора с оператором по отношению к генетическому коду. По аналогии с квантово-механической теорией измерения, высший уровень организации можно назвать "прибором", а низший – системой, подвергающейся редукции потенциальных возможностей при воздействии "прибора". Однако встает вопрос: что является прибором по отношению к самому высокому уроню иерархии? От его решения зависит сама возможность осуществления достаточно полного описания и в конечном счете возможность построения теоретической биологии. Ведь сведение биологической организации к ее формальному языку приводит к факту неполноты этой системы согласно известной теореме Геделя. Результат доказательства теоремы означает, что непротиворечивая дедуктивная формально-логическая система неполна, т.е. имеются истинные утверждения, выражаемые на языке этой системы, которые в его рамках доказать нельзя. Применительно к формальному языку биологической системы это должно означать, что основание истинных утверждений будет лежать за пределами формального языка, но останется существенной характеристикой целостной системы. Биологическая система оказывается богаче ее формального языка, подобно тому как мышление человека богаче его дедуктивной формы (Налимов, 1979). Иными словами, биологическая система имеет некоторые характеристики, принципиально несводимые к ее формальному языку. Эти характеристики, следовательно, суть свойства биологической системы как целого и не могут быть выявлены в редукционистском описании системы.

Чтобы теоретически обосновать факт наличия кода в биологических системах, необходимо обратиться к самому механизму доказательства теоремы Геделя. Для доказательства теоремы о неполноте К. Гедель произвел "отображение" (или "перевод") метаматематических высказываний о формальной системе в саму систему. Благодаря этому некоторые элементы формальной системы приобрели свойство отображать систему в целом (кодировать метаматематическое высказывание). В результате система получила свойство отображать саму себя (это свойство в данном случае было привнесено в систему Геделем). Как пишут Э. Нагель и Дж. Ньюмен (1968, с. 39-40), "Гедель показывает, что метаматематические высказывания об арифметическом формализованном исчислении можно представить посредством арифметических формул внутри исчисления". Данные формулы при этом будут представлять (или отображать) метаматематические высказывания.

Как уже было сказано, эта процедура в отношении формальной арифметической системы привносится извне. Это же касается кибернетических систем, где кодирование осуществляет связанный с системой человек, но в биологической системе такого оператора нет. Кодирование предстает как свойство целостной системы, однако, согласно сказанному выше, система не тождественна своему языку, имея "основание в себе самой". Таким образом, мы приходим к выводу о внутреннем характере развития биологической системы. При этом система отображается в формальном языке своем описания, не будучи ему полностью тождественной. Очевидно, система, построенная по формальному описанию, будет всегда лишь только моделью биологической системы, лишенной ее существенных свойств. В этой связи интересна мысль Р. Розена (1984) о необходимости введения величины, характеризующей расхождение между действительным поведением системы и поведением некоторой модели, которую мы выбрали для характеризации системы. Эта величина могла бы более адекватно описывать поведение биологической системы, чем термодинамическая энтропия, имеющая смысл при условии, что за стандарт принимается равновесная замкнутая изолированная система.

4.4. ЛОГИЧЕСКИЕ ОСНОВАНИЯ ОПИСАНИЯ БИОСИСТЕМЫ

В нашем описании биологических систем существенным является противоречие между реальным проведением системы и предсказанием ее поведения, воссоздаваемым на основе анализа ее формального языка (кода). Задача нашего описания – необходимость четкой фиксации данного противоречия и на основании этого – прогноза дальнейшего развития системы. Следовательно, предсказывать можно поведение модели, поведение же биологической системы можно лишь прогнозировать с большей или меньшей точностью, и в этом состоит существенное свойство биологических систем, а не следствие неполноты наших знаний о них.

О том, что математика допускает существование структур с противоречиями, писал Хао Ван (Hao Wang, 1974), однако эти структуры, вероятно, в значительной степени имеют корни в обыденной двузначной логике. Для анализа развивающегося процесса, по-видимому, лучше использовать иной логический аппарат, например, тот, который имеется в интуиционизме. Интуиционистская логика, и особенно семантика Крипке, являющаяся ее частью, предназначена для описания выполненной некоторой конструкции, некоторого математического построения. При этом отмечается, что слово "существовать" не может означать ничем другого, как "быть построенным". Процесс развития биосистемы представляет собой осуществление конструкции, и в этой связи вопрос о применении интуиционистской логики в биологии приобретает большое значение. Трудности заключаются, вероятно, в том, что многие конкретные вопросы интуиционистской логики еще недостаточно разработаны. Привлекательность интуиционизма для биологии заключается в том, что здесь обходятся парадоксы двузначной логики. Отсутствие закона исключенного третьего и привлечение внимания к процессу осуществления конструкции приводят к признанию проблем соотношения языка и метаязыка псевдопроблемами. Определение множества производится посредством общего способа порождения его элементов, которое осуществляется в потоках. Парадоксов типа парадокса Эпименида в этом случае не возникает. Более просто интерпретируются и результаты, полученные Геделем. Теоремы Геделя в интуиционистской интерпретации означают тот факт, что классические системы первого порядка могут быть сформулированы как подсистемы соответствующих интуиционистских систем.

Важно отметить, что для описания процесса актуализации в квантовой механике при измерении оказалось недостаточным применение классической двузначной логики. Выходом для описания результата (необходимо подчеркнуть – результата) процесса измерения оказался известный принцип дополнительности Бора. Суть его в первую очередь заключается в снятии закона исключенного третьего и в требовании применения взаимоисключающих, дополнительных классов понятий для описания целостного явления. Однако каждый класс понятий подчиняется классической логике. Логика принципа дополнительности Н. Бора не позволяет описать сам процесс измерения (актуализации), в ходе которого микросистема вычленяет свои "дополнительные" свойства, и именно с этим может быть связано то, что Н. Бор и В. Гейзенберг сделали вывод об индетерминизме данного процесса.

Применимость принципа дополнительности в биологии вызвала серьезную дискуссию, начатую самим Н. Бором. Р. Розен в 1960 г. опубликовал работу, касающуюся вопросов квантовой генетики (Rosen, 1960). Согласно его утверждению, взаимодействие целостных биологических систем в генетике (при скрещивании форм) приводит к вычленению взаимоисключающих свойств (признаков), что мы имеем в опытах Менделя. При этом, в соответствии с квантовотеоретическим формализмом Дж. фон Неймана, наблюдаемое (вычлененное) свойство представляется оператором, действующим на функциональном пространстве; значения, которые он может принимать, отождествляются со спектром оператора. Исходя из принципа дополнительности, данные, полученные при разных условиях опыта, не могут быть охвачены одной-единственной картиной, и в связи с этим может иметь место только вероятностное предсказание результатов эксперимента. Действие оператора на функциональном пространстве подразумевает двухуровневость системы, при этом наблюдается иерархия уровней. Идея кодирования, таким образом, получает осмысление в рамках указанного подхода.

Наиболее важным и интересным в статье Розена является вывод о невозможности формулирования гамильтониана для системы переноса генетической информации. Физические квантовые системы описываются с помощью ввода гамильтониана, но в биологии, как указывает Р. Розен, мы встречаемся с целым классом систем, не описывающихся введением гамильтониана. Из этого следует вывод о невозможности сведения (редукции) биологических явлений к физическим. Дальнейшее развитие квантово-механических принципов в биологии и анализ аспектов дополнительности при взаимодействии биологических систем, приводящем к вычленению взаимоисключающих наблюдаемых состояний, дано в последующих работах ученого.

Согласно Р. Розену (Rosen, 1977c), геном определяет начальные условия процесса, а сам процесс происходит спонтанно и детерминирован целостной организацией системы. Простейший пример: первичная структура фермента определена генетически, а сворачивание белка в глобулу и его функционирование протекает самостоятельно, причем ферментативный катализ не может быть с достаточной полнотой объяснен на основе статической картины молекулы. Такая "дополнительность" статических начальных условий и динамики развития и функционирования объясняется Р. Розеном с позиций квантовомеханической теории измерения. При постулировании начальных условий процесса эпигенеза прибором, вычленяющим наблюдаемые характеристики, выступает геном, а при функционировании фермента уже сам фермент выступает в качестве прибора. Квантово-механический дуализм "прибор – микросистема" получает в биологии свое выражение в дуализме статики начальных условий и динамики эпигенетического процесса. При этом сама динамика предстает как смена различных описаний, характеризующихся бифуркациями. (Понятие бифуркации было введено в обиход математики в начале века А. Пуанкаре.) В реляционной биологии Р. Розена под бифуркацией понимается нетождественность двух описаний при независимых измерениях одной и той же системы (Rosen, 1979). Дифференцировка и онтогенез могут рассматриваться как цепь последовательных бифуркаций, сопровождающихся перестройками топологии биологической структуры. Они могут рассматриваться как математическое выражение последовательных индукций в индивидуальном развитии, впервые описанных Шпеманом. При этом, как пишет Л.И. Корочкин (1982), многообразие парных параметров (ступенчатая детерминация – дифференцировка, индуктор – компетентная ткань, детерминация – компетенция), их взаимная дополнительность "в значительной степени есть функция опосредованного прибором наблюдения", т.е. процесса, аналогичного квантовомеханическому измерению.

4.5. ЛОГИКА ЦЕЛОСТНОСТИ

Понятие целостности непосредственно связано с реализацией актуальной бесконечности в реальном мире. А. Пуанкаре рассматривал бесконечность как то, что не определено в силу постоянного движения, когда законы формальной логики оказываются недостаточными для описания. Если предметы имеются в неопределенном количестве, т.е. если имеется возможность постоянного и внезапного появления новых предметов, то это обязывает к изменению исходной их классификации и отсюда проистекает возможность антиномий.

Разделение реальности на потенциальную и актуальную приводит к необходимости для ее описания в целом введения понятия актуальной бесконечности, т.е. предиката существования, который не может определять сам себя. Переход от конкретного уровня мышления к предметно-интенциональному аналогичен восхождению от финитных объектов к трансфинитным, и при этом предметно-интенциональный уровень не соизмерим с чисто логическим уровнем. В данном случае имеется структура отображения бесконечного множества в конечное. Таких отображений может быть неограниченное количество, и все они могут рассматриваться как более или менее удачные модели для выражения бесконечного множества. Истинность или ложность этих моделей определяется отношением фальсификации между ними, что биологически выражается в естественном отборе. Таким образом, можно говорить о конструктивном характере связи бесконечного и конечного, реализующемся через актуальное существование бесконечных множеств как форм, родов или эйдосов.

Логические операции, согласно Ж. Пиаже (1986), представляют собой интериоризованные действия субъекта с предметами внешнего мира. Они усваиваются человеком не в виде отдельных изолированных актов, а в форме целостных группировок типа классификации и сериации. На уровне их использовании (но не ввода) данные группировки обратимы. Необратимость появляется на уровне выбора (возникновения) таких группировок. Отображение бесконечного множества в конечное есть необратимый акт в силу его логической (дедуктивной) невыводимости, непредсказуемости. Обратный переход (от конечного к бесконечному) решается через понимание принципиальной неполноты конечной (формальной) системы. Однако реальность актуально бесконечного состоит в том, что его можно отобразить (закодировать) в формулах (высказываниях) конечной формальной системы, что и было осуществлено в доказательстве теоремы Геделя о неполноте. Согласно Хао Вану (Hao Wang, 1974), только человек может породить неперечислимое множество и поставить себя в определенное отношение к внешней реальности. Мы могли бы сказать, что в отношение к внешней реальности ставит себя некая целостность, которая не может быть выражена полностью через конечные множества, но которая сама их порождает. Такой целостностью может быть живой организм, а отношение его к внешней реальности есть семиотическое отношение. Поведение живого организма нельзя представить однозначно с помощью логического исчисления, что означает, что его нельзя описать в терминах физических параметров, значения которых детерминированы предыдущим состоянием.

Машина же может порождать только рекурсивно перечислимые множества, и машинный код есть внешне данный ей человеком, он не возник сам по себе, как в биологических системах.

Понятие целостности включает в себя внутреннее отношение между точками системы. Это означает, что может быть осуществлен путь, по которому расстояние между точками равно нулю. Последнее является следствием того, что, рассматривая нечто как целое, мы полагаем его неделимым, нуль-мерным объектом, и только разворачивая целое в систему мы представляем его как множество. Данные представления восходят к П.А. Флоренскому (1991). Исходные принципы геометрии, в которой исчезает расстояние между двумя пространственно удаленными друг от друга точками, намечены П.А. Флоренским на основе расширения точечного многообразия до сочетания действительных и мнимых точек (Антипенко, 1991). При определенных состояниях времени и пространства происходит разделение действительных и мнимых точек, в результате которого пространство приобретает свойство топологической неотделимости: однородные точки "слипаются" и образуют неделимую среду мгновенных влияний, не зависящих от расстояния между объектами. При других значениях аргумента комплексного числа, характеризующего состояние пространства – времени, точки раздельны и любая часть пространства может быть отделена от смежной: целостность выражается в системе. Целостность системы, таким образом, реализуется в мгновенной связи между пространственно удаленными объектами. Согласно П.А. Флоренскому, эта связь возможна благодаря наличию внутренней стороны, изнанки пространства – времени, наряду с его внешними атрибутами – протяженностью и длительностью. "Изнанка" соответствует наличию кроме действительной мнимой поверхности, переход к которой возможен через "выворачивание" пространства.

В модели Вселенной, предложенной С. Хокингом (1990), вводится мнимое время, в котором Вселенная представляется замкнутой целостной структурой, не имеющей границ. При переходе к действительному времени происходит редукция к модели, в которой присутствует "начало" Вселенной и ее расширение. Вообще в формулах и построениях физики нередко появляются комплексные значения, содержащие в себе мнимые числа. Эти значения, согласно М.К. Мамардашвили, могут соответствовать эффектам целостности, не выражаемым наглядно, через действительные числа. Эффекты целостности предполагают, что в одном акте "держатся" вместе вся координация уровней, все посылки и допущения этого акта. Целостность может, как уже было сказано, замещаться через кодирование в конечной формуле, т.е. в наглядности, замещающей исходную ненаглядность. Таким образом, мнимости, выражающей целостность (ее референтному предмету не может быть определено место в действительном существовании), можно поставить в знаковое, символическое соответствие представляющую ее конечную формулу или объект (выражаемые действительными числами). Тогда последние суть знаки, через которые выявляются неустранимые различия конечных и бесконечных множеств. Знаковость в этой связи рассматривается как результат сверхлогического акта, устанавливающего отношение между конечным и бесконечным множеством, целостностью и ее моделью (П.А. Флоренский).

Развитие целостности предполагает расширение логических определений (помимо истинного и ложного появляется еще потенциально возможное, которое актуализируется через превращенность. При этом необходима разработка аппарата для фиксации динамических изменений в строении и топологии объектов, способных завязаться в новых возможных законах. Структуры для такого описания – это топосы, пространства с вариабельной топологией, имеющие наряду с актуально существующими элементами неопределенные, потенциально существующие.

Как отмечает М.К. Мамардашвили, никакой целостный эффект не разворачиваем в реальную совместность или последовательность дистинктных объектов с их свойствами.

Целостность появляется в точках пересечения мира и его наблюдения, где мы имеем дело с объектами, относящимся к ряду рядов, но ни к какому из них в отдельности, и которые похожи на так называемые "размытые множества" в математике. Однако наиболее наглядным выражением целостности в объектном мире является система. Система, по М.К. Мамардашвили, есть состояние, сворачивающее (упаковывающее) в себя одновременно срабатывающую иерархию многоразличных слоев. Чтобы как-то представлять это действие, которое срабатывает на разных слоях одновременно, и появляется термин "система", т.е. он вторичен по отношению к исходной целостности и как бы является ее отображением в конечное множество.

Формирование пределов (бесконечных множеств) происходит семиотически, т.е. через полагание границ, которое накладывается как бы "сверху", "посредством некоторого сверхлогического акта" (П.А. Флоренский). Понятия, т.е. платоновские эйдосы, и представляют собой такие пределы, т.е. актуально бесконечные множества, которыми оперирует человек. Им соответствуют семиотические связи, обозначаемые словом "constraints", т.е. внутренние ограничения в структуре целостной системы. Применительно к системе человеческой деятельности М.К. Мамардашвили называет их "техносы", указывая на то, что они и есть "органы структурации", конструктивные образования, носители "порядка впереди". Они и являются теми ограничениями, которые первоначально определяют переход от математически возможных миров к физическому миру, а затем формируют из явлений физического мира биологические и социальные системы. "Из законов физики не вытекает, что мы должны передвигаться колесным образом. Так же, как в законах Максвелла содержится допущение и описание частот волн, не сводимое к тем частотам, которые разрешимы нашими способностями видения и приборами, которые мы придумаем" (Мамардашвили, 1994). В биологических системах физико-химические свойства ферментов определяют ту структуру внутренних ограничений ("constraints"), которые формируют метаболизм.

Формирование целостности путем объединения, слипания точек континуума в единый "эйдос", которое означает восхождение от конечного рекурсивного множества к бесконечному пределу, обозначено в философии А. Уайтхеда (1990) термином "prehension", т.е. буквально "схватывание". Вторично данный эйдос может быть выражен через конечный объект, и это определяет возникновение семиотического отношения в системе. Данное семиотическое отношение представляет собой то, что называется "constraint", и может соответствовать содержательно-логической формуле Геделя (высказыванию о системе), которое и является "constraint", так как вычленяет целостность. Диалог различных "constraint'ов", т.е. способов вычленения, есть внутреннее свойство системы. Оно определяет ее самодетерминированное развитие (гераклитовский "самовозрастающий логос") и в конечном счете – самовоспроизведение. Строгое описание самовоспроизведения и разработка моделей самовоспроизводящихся систем восходят к Дж. фон Нейману и его теории самовоспроизводящихся автоматов. Реализация целого при самовоспроизведении дается с помощью двух теорем: фоннеймановской теоремы о самовоспроизведении и опять же геделевской теоремы о неполноте. При этом, чтобы сложная система могла включиться в процесс самовоспроизведения, преодолевая при этом тенденцию к деградации, она должна быть частью более обширной системы.

4.6. ЛОГИЧЕСКИЕ ОСНОВЫ ПРОЦЕССА ОСУЩЕСТВЛЕНИЯ

Важнейшим отличием биологического объекта от объектов неживой природы является наличие его формального описания внутри самого объекта, выраженного в генетических структурах. При этом, в отличие от технических систем, где кодирование осуществляет связанный с системой человек, в биологической системе оно представляет собой внутреннее свойство целостной системы. Биологическая система развивается в соответствии со своей внутренней логикой, и описание биосистемы связано с описанием процесса функционирования и становления этой логики, что подразумевает недостаточность классических логических схем.

Поиски путей объединения различных подходов к основаниям математики привели к созданию топосной логики, на категорной основе обобщающей альтернативные подходы к основаниям математики и логики и пригодной для формализации самых разнообразных процессов (Голдблатт, 1983). В ее рамках иное, более глубокое осмысление приобретает проблема становления. Далее мы попытаемся изложить исходные принципы логического анализа "проблемы осуществления".

Биологические системы характеризуются наличием перестроек топологии в ходе их функционирования и развития (Преснов, Исаева, 1985). Следовательно, для установления функционирования биологической системы должны существовать операции, которые были бы стабильны относительно перестроек топологии.

Топос определяется как пространство с меняющейся, вариабельной топологией. Такое исходное определение подразумевает, что объект в топосе – множествоподобное образование, имеющее потенциально существующие (частично определенные) элементы, из которых лишь некоторые актуально существуют (всюду определены). Изменение топологии соответствует актуализации потенциальных элементов, и это происходит в соответствии с логическим исчислением данного топоса. Через логическое исчисление топос определяет способы слипания, склеивания друг с другом каждой точки из их пространственного континуума, и в рамках этой логики имеет место порождение определенных структур. При этом выделяется множество обобщенных точек, стабильных относительно перестроек топологии. Если проводить аналогию с ростом научного знания, то в его динамике эти точки соответствуют фундаментальным физическим теориям (Акчурин, 1990).

Научная теория заменяет многообразие окружающих нас объектов комбинациями небольшого числа теоретических конструктов, основания которых отличаются высокой степенью устойчивости. Аналогия этого имеется в биологии: биологические молекулярные комплексы становятся операциональными структурами, поставленными в соответствие другим молекулам и процессам: это соответствие является нефизическим и построено по соссюровскому принципу произвольности знака. Так, генетический код может быть представлен как множество обобщенных ("концептуальных") точек (классификатор подобъектов), определяющее способы склеивания друг с другом точек пространственного континуума. Он отображен в элементарные объекты (биомолекулы) биосистемы единственным однозначным образом. На более высоких уровнях биологической организации обобщенным множеством выступают универсальные системы регуляции и, наконец, на морфологическом уровне концептуальные точки образуют архетипы – устойчивые структуры, характеризующие план строения систематических групп (Игамбердиев, 1993).

Рассмотрение биологических систем с позиций квантовомеханической теории измерения позволяет перейти к логическим аспектам описания их функционирования и эволюции. В последнее время появилось довольно много работ, посвященных квантовой логике. Хотя эта область до сих пор недостаточно разработана и отмечалось даже, что квантовая логика – это вовсе не логика, а разъяснение определенных алгебраических структур, некоторые аспекты этого вопроса разделяются большинством исследователей. Прежде всего отмечается, что в квантовой механике имеет место переход от булевой к небулевой, т.е. неклассической логике: булева алгебра подразделяется на две булевы подалгебры, при этом предложение, верное в одной, может оказаться ложным или неопределенным в другой. Следовательно, решетка логических высказываний перестает быть дистрибутивной, и закон исключенного третьего оказывается неприменимым, что находит свое выражение в принципе дополнительности Бора. При этом, строго говоря, квантовая логика – это структура, которая приобретает оформленный вид только при включении в нее метавысказываний. "В решетке квантово-механических высказываний отношение импликации не является элементом решетки: оно есть метавысказывание о решетке" (Freundlich, 1977). В связи с этим более корректно говорить не о логике квантовой механики, а о логике квантово-механического измерения, включающего налагаемые "извне" ("сверху") импликации на нижележащий объектный уровень квантово-механической системы. В этой логике, таким образом, неизбежно присутствует "уровень прибора", детерминирующий редукцию потенциальных возможностей микросистемы.

Однако в квантово-механической системе мы еще не имеем направленного переноса информации, характерного именно для биологических систем. Квантово-механический характер реальности обусловливает возможность появления такого переноса. Поскольку при редукции потенциальных возможностей происходит переход от множества возможных миров к описанию действительного мира, система, рассматриваемая как прибор, может генерировать независимые описания, относящиеся друг к другу как альтернативные конструкции; при этом между ними отсутствует отношение импликации. Точка разграничения этих двух описаний является точкой бифуркации.

4.7. ЛОГИЧЕСКИЕ ОСНОВАНИЯ ЭВОЛЮЦИОННОГО ПРОЦЕССА

В соответствии с принципами синергетики основой трансформаций являются бифуркации. Физической предпосылкой бифуркаций служит квантовая неопределенность, которая не может быть устранена полностью даже в случае невозмущающих измерений. Неабсолютная специфичность некоторых ферментов к субстрату обусловила наличие разветвлений в метаболических путях, которые явились исходным пунктом дальнейшей эволюции системы. Так, бифуркация между оксигеназной и карбоксилазной реакциями ключевого фермента фотосинтеза – рибулозо-1,5-бисфосфаткарбоксилазы – явилась причиной возникновения нового метаболического пути – гликолатного. Однако новый тип организации закрепляется в кодовых системах, в связи с чем центральным становится вопрос возникновения новых кодовых систем. Бифуркация в метаболическом пути может послужить основой лишь "предварения" филогенеза онтогенезом (Берг), которое первоначально может и не носить облигатного характера, но позднее облигатно закрепляется генетическими факторами (в противном случае оно не сохраняется в эволюции). Очевидно, едва ли возможен однозначный прогноз возникновения новых кодовых систем. В ход могут идти перестройки уже имеющегося материала, горизонтальный перенос генов и т.д. Используется то, что первоначально было направлено на другие цели, и новые кодовые системы могут быть "непреднамеренным побочным продуктом действий, которые были направлены на другие цели" (К. Поппер).

Возникновение новой формальной системы в общем случае не может быть предметом строгого каузального анализа. Как возникает новая прогрессивная организация – это, вопреки, казалось бы, очевидности, не столь существенный для науки вопрос, поскольку это возникновение может осуществляться разными способами. Причина заключается в том, что переход к формальной системе, обеспечивающей более высокую организацию, – это, строго говоря, процесс, который не может быть описан финитными средствами, т.е. такими, которые предусматривают "обозримые" (не апеллирующие к понятию актуальной бесконечности) доказательства. Иначе говоря, новая истина, возникающая при эволюции формальной системы, не может быть получена чисто комбинаторным путем. Следовательно, эволюция не может быть однозначно предсказана, она может лишь прогнозироваться с большей или меньшей точностью. При этом имеющиеся элементы формальной системы (как слово при его использовании в качестве метафоры) могут приобретать другое (помимо уже имеющегося) значение, обусловливающее новый уровень организации системы.

Таким образом, возникновение новой эволюционной организации является актом, не поддающимся (по крайней мере при взгляде в будущее) описанию финитными средствами. Логическим основанием этого акта является неполнота имеющейся формальной системы, что позволяет приписать утверждениям, недоказуемым в рамках этой системы, произвольные значения. Физическим основанием этого акта является некоторая неопределенность даже в случае неразрушающего измерения, обусловливающая бифуркацию в системе и, следовательно, возможность создания новой организации. Подобный "творческий" характер эволюции не исключает номотетического ее аспекта, поскольку конвергентное осуществление разными способами одних и тех же функций только доказывает и ни в коем случае не опровергает иной тип детерминизма биологической системы в сравнении с физической. Предсказать, какой будет новая структура, однозначно невозможно, но вероятность построения определенного плана структуры для реализации новой функции можно прогнозировать. Неопределенность при квантовом измерении может быть уподоблена пустому предикату теории множеств, предполагающему непустое множество материальных объектов, идеализированным выражением которого он является. Таким образом, новая организация не может быть дедуктивно выведена из старой.

В соответствии со сказанным можно утверждать, что для обоснования теоретической биологии необходима формализация нефинитными средствами, апеллирующая к понятию актуальной бесконечности. В связи с этим теоретическая биология неизбежно должна носить метатеоретический характер по отношению к наукам, изучающим системы финитными средствами. В этой связи проблема концептуальной истинности в биологии приобретает особый характер, и концепции, кажущиеся противоположными, оказываются различными описаниями одной и той же реальности (метатеоретический характер истинности). Действительно, что мешает нам рассматривать эволюцию окраски насекомых с точки зрения смены стилей (Шорников, 1984). Но это не исключает и подхода с позиций адаптивности и естественного отбора. Не исключает это также рассмотрения структурных и номотетических аспектов данного процесса, обусловленных наличием конечного числа возможных комбинаций некоторых элементов. Возникновение новой организации есть, таким образом, трансфинитный скачок. Суть этот перехода означает возникновение новой замкнутой формулы в формальном языке, которая не может быть получена дедуктивными средствами формальной системы. Важно подчеркнуть принципиальное отличие (в данном аспекте) онтогенеза от эволюции: индивидуальное развитие, возможно, поддается описанию средствами конструктивной логики, фактически являя собой процесс построения конструкции на основе формального описания с фиксированными значениями истинности в формальной системе, в то время как эволюция требует для своего осмысления понятия трансфинитного скачка, логической предпосылкой которого является неполнота формальной системы, а физической предпосылкой – бифуркация в квантовом измерении (Игамбердиев, 1986). Одна и та же формальная система может обеспечить построение нескольких моделей (конструкций). Это указывает на необщезначимость закона исключенного третьего и двузначной логики при описании онтогенеза. Однако "внутри" онтогенеза истинность сохраняется во времени, и редукция потенциальных возможностей соответствует отображению из множества возможностей в множество истинностных значений, что согласуется с интуиционистской семантикой Крипке. Течение биологического времени в онтогенезе и есть эта редукция потенциальных возможностей, и оно реально как последовательное актуально необратимое достижение системой определенных состояний. Кстати, по мнению Р. Розена (Rosen, 1978), эта необратимость обусловливает конечное время существования биологической системы.

Параметрическое действие индукторов и внешней среды может модифицировать развитие системы и изменять путь ее развития путем воздействия на бифуркации. Как отмечает И. Пригожин (1985), "флуктуации окружающей среды могут воздействовать на бифуркации и, что более важно, порождать новые неравновесные переходы, не предсказуемые феноменологическими законами эволюции". При этом могут возникать "предварения" новых эволюционных структур. Однако возникновение на основе бифуркации нового метаболического пути, новой, передающейся по наследству организации в эволюции возможно только при условии кодирования этой бифуркации, т.е. ее интериоризации в формальной системе. Возникновение этого кода и есть эволюция. Серьезно обсуждались некоторые ее генетические основания – горизонтальный перенос генетической информации и дупликация генов. Нейтралистская эволюция, связанная с накоплением нейтральных замен в белках, обеспечивает большое разнообразие форм.

Строго говоря, "механизмы" прогрессивной эволюции всегда будут только иллюстрацией, но не каузальным объяснением эволюционного процесса. В конечном итоге возникновение новых кодовых систем есть построение новых формул, для чего необходимо выйти за рамки существующей формальной системы, т.е. провести "метатеоретический скачок" для кодирования уже имеющегося предварения (бифуркации в метаболическом пути). Этот скачок не может быть однозначно выведен из структуры имеющейся формальной системы, и, следовательно, истинность новой формулы не может быть обоснована финитными средствами. Проблема истинности (которая в данном случае может и не сохраняться во времени) оказывается в этом случае проблемой фальсификации, что находит выражение в идее борьбы за существование.

Построение новой "формулы" в биологической формальной системе есть неформальный акт, по сути он напоминает творческий аспект человеческой деятельности. Создание нового качества оказывается возможным через выход за пределы рекурсивности в область актуально бесконечного. Аналогия эволюции может быть найдена только в человеческой когнитивной деятельности, когда происходит порождение неперечислимых множеств и тем самым утверждение отношения к внешней реальности. Важность логических конструкций, использующих понятие актуальной бесконечности, для объяснения эволюционной организации уже подчеркивалась исследователями. Эволюции в той же мере присущ "самовозрастающий логос" (Гераклит), в какой он присущ человеческой деятельности.

Эволюционный процесс отличается от других динамических процессов неопределенностью граничных условий, так как генезис эволюционной изменчивости восходит к принципу неопределенности Гейзенберга. Именно внутренние квантово-механические измерения превращают соотношение неопределенностей в фактор, обусловливающий появление новых свойств (Matsuno, 1992). Как указывает Г. Патти (Pattee, 1989), измерение само по себе не есть формальный процесс и не может программироваться, но его результаты фиксируются как символы, которые образуют формальную систему. Именно отсюда следует, что биосистема характеризуется семиотической структурой.

Рассматривая процесс эволюции, мы пришли к выводу о недостаточности только конструктивной логики для описания этого процесса. Действительно, в эволюции истинность может не сохраняться во времени (а данный тезис отсутствует даже в самых радикальных течениях интуиционистской математики). То, что истинно в одних условиях, может оказаться ложным в других, и это определяется борьбой за существование. Таким образом, мы приходим к выводу, что в эволюции истинность есть производная от точки пространственно-временного континуума. В этом радикальное отличие биологии от физики. Локальное изменение свойств пространственно-временного континуума приводит, например, к вымиранию больших групп организмов.

Говорить об истинности организмов или популяций было бы по крайней мере нелепо, но следует рассматривать истинность формальных систем (кодовых и т.д.), обусловливающих возможность развития этих организмов и популяций и устойчивость их в конкретной внешней среде. Истинность формальной системы в биологии и состоит в отношении ее к внешнему миру, которое проявляется через выживаемость организма или другой биологической целостности. При этом развертывание генетической программы и может быть представлено как проверка этой истинности. В этой связи можно констатировать, что вопрос о логических основаниях эволюционного процесса был поставлен в теории Ч. Дарвина. Борьба за существование и естественный отбор оказываются, таким образом, следствием фальсификации формальных систем. Идея фальсификации, известная в теориях роста научного знания, оказывается применимой для объяснения эволюции. К. Поппер (1983) отмечает аналогию между ростом научного знания и эволюцией растений и животных.

Одна и та же логическая структура может породить большое многообразие моделей. Как они соотносятся друг с другом? Очевидно, некоторые модели оказываются более успешными, т.е. обладающими большей предсказательной силой. Можно ли заранее "предсказать предсказательную силу" модели? Очевидно, вновь возникшая модель ставится в соответствие не заранее заданной внешней реальности, но той измененной реальности, которая формируется при включении в нее данной модели, и заранее смоделировать эту реальность оказывается невозможным. Поэтому для утверждения истинности или ложности новых моделей имеется нетривиальная логическая процедура, а именно фальсификация формальных систем, на основе которых строятся модели. Истинность и ложность при этом не существуют *per se*, они являются следствием включения системы в конкретное окружение.

Модель истинности, зависящая от такого включения, имеется в семантике Крипке, однако в биологии истинность может и не сохраняться во времени: полезность (к которой сводится истинность) определенной структуры зависит от более сложной структуры, в которую она включена. Новая система, таким образом, производит отображение в область, которая еще не определена, и возникновение новых "экологических ниш" заранее не детерминировано однозначно.

Фальсификация не подчиняется закону исключенного третьего. В классической биологии аналогию ей можно усмотреть в борьбе за существование, однако взаимодействие биосистемы подразумевает не только борьбу за выживание, но и приближение к уравновешиванию противоречащих друг другу конструктов, т.е. фальсификация не сводится только к жесткому попперовскому смыслу, но имеет в себе черты витгенштейновской игры, в которой устанавливаются "семейные сходства". При этом формируется структура биоценоза и в конечном счете биосферы.

Особый детерминизм фальсификации, не сводящийся к простой предсказательности, обусловливает необратимость, которая находит выражение в ходе эволюционного процесса. Эволюция оказывается аналогичной росту научного знания: и в том, и в другом случае взаимодействуют логические конструкции, которым соответствуют определенные грамматики, фальсифицирующие друг друга через модели, возникающие на их основе. Новая модель характеризуется своей грамматикой, и взаимодействие грамматик порождает новую грамматику, которая соответствует новой внешней среде. Иными словами, описание эволюции может быть построено на основе индетерминистской логики, в которой структура истинностных значений соответствует ветвящемуся (случайному) характеру будущего (Карпенко, 1990), и сами логики (логические исчисления) биосистем выступают в качестве истинностных значений, структурализующихся в ходе эволюции.

Взаимоотношение онтогенеза и филогенеза в этой связи представимо следующим образом. Онтогенез характеризуется воспроизводством структур истинностных значений в логическом исчислении биосистем данного типа, а эволюция соответствует приписыванию истинностных значений на внешнем уровне по отношению к логическому исчислению биосистемы и построению топоса для последнего. Таким образом, в биологии мы имеем дело с двумя алгебраическими уровнями логики, и их взаимоотношение может быть выявлено в рамках нетривиальной индетерминистской интерпретации. Эволюция при этом может моделироваться структурой истинностных значений на втором, "внешнем" уровне логики.

Вышеизложенный анализ позволяет сделать вывод о том, что время, будучи неотделимо от становления, соответствует актуализации потенциально существующих элементов. Его течение имеет аналогию в квантово-механической редукции, результат которой не может быть однозначно детерминирован. Эволюционное становление принципиально отличается от становления организма, так как последнее происходит в соответствии с программой, а первое создает эту программу. Однако и в том, и в другом случае для описания необходима динамическая (негеометрическая) концепция времени, восходящая к идеям Аристотеля об актуализации потенций. Была предложена, например, негеометрическая компьютерная модель времени (Анисов, 1991), однако она могла бы быть применена преимущественно к описанию онтогенеза, но не эволюции. Интересно, что в этой модели становление обусловливается фактором ограниченности ресурсов. Действительно, в биологических моделях становления, например в такой наиболее известной из них, как развитие *Dictyostelium discoideum*, именно исчерпание ресурсов ведет к генерации порядка, возникновению организации.

"Запрограммированность" онтогенеза восходит к надежности передачи информации при работе биологических макромолекулярных систем. Движение частиц (электронов и др.) в биосистемах происходит в соответствии с принципами квантово-механической редукции, но при этом обеспечивается стабильность функционирования системы, ее устойчивость к внешним воздействиям. Это оказывается возможным при определенном типе квантово-механической редукции, сопровождающемся малой диссипацией энергии, а именно при квантовых невозмущающих измерениях, когда взаимодействие характеризуется длительным временем релаксации прибора. Именно на этом основана работа биомакромолекул и их комплексов. При этом цикличность их функционирования определяет характерный внутренний ритм биосистемы, позволяющий сопоставить ему периоды физических процессов.

Но любая надежность не является абсолютной, и при взаимодействиях подобного рода возможны иные решения, ведущие к генерации бифуркаций. Последние лежат в основе эволюционной трансформации биосистем. Новые решения в эволюции в принципе не выводимы из предшествующей организации, что выражается в "незапрограммированности" эволюционного процесса. Это, впрочем, не исключает номотетичности, так как предшествующая организация налагает ограничения на одни пути развития и делает более вероятными другие.

Итак, необратимость эволюционного процесса может быть объяснена исходя из его логических оснований. Она определяется тем, что содержательно-истинностная формула Геделя не может быть получена с помощью набора обратимых логических операций, поскольку при выборе таких формул используются сразу два уровня "логико-математической реальности" – предметный язык и метаязык. Поэтому прогрессивная эволюция всегда есть возникновение нового уровня организации, создание иерархии. При этом новые отношения не выводимы из законов низшего уровня.

Источником этих новых отношений является целостность биологической системы, которая подразумевает наличие класса всех классов. Целостность не может быть выведена из элементов системы; напротив, она определяет способ членения на элементы. Целостность, т.е. класс всех классов, наделяет классы предикатом существования, но сама не имеет существования на уровне этих элементов. В связи с этим ген посредством кодирования структуры белка выражает сигнификативное отношение целого (организации) к окружающему миру. В этом единство представлений классической и молекулярной генетики. Между триплетом нуклеотидов и аминокислотой нет физического соответствия, это аналогично произвольности знака в лингвистике. Перманентное воспроизведение подобного соответствия в системе есть свойство системы как целого, оно воспроизводится целостной организацией, и это выражается как наследственность, память и т.д. Как говорил Гегель (1977), "память есть создающая знак деятельность".

Таким образом, биологическая система есть прежде всего система соответствий, а не система элементов, и теория, описывающая эту систему, есть теория, истины которой имеют семиотическую природу. Учитывая функциональный, "стрелочный" характер связей в биологических системах, эти системы могут описываться топосами, имеющими неклассические свойства, каковыми являются, например, категория морфизмов и категория действий моноида на некотором множестве. Логика этих топосов не булева, а интуиционистская, а подобъектами в них применительно к биологической системе являются функциональные отношения, на молекулярном уровне проявляющиеся в виде отношений ген-фермент или фермент-субстрат. При этом существенно выделение не простейших элементов, но элементарных отношений элементов, определенных границами формального языка системы.

Итак, при описании биологических систем мы приходим к метаконтекстуальному языку с контекстуально зависимыми утверждениями. Формирование организма из зиготы есть осуществление конструкции: взаимодействие генома и его клеточного окружения порождает структуру, о которой нельзя в общем случае сказать заранее, истинная она или ложная. Истинность или ложность проявляются после осуществления конструкции и феноменологически выражаются в известной идее борьбы за существование. Более того, истинность конструкции может и не сохраняться во времени: "конструктивное знание", полученное однажды в процессе эволюции, может утратить свое значение, хотя часто новые уровни эволюционной организации надстраиваются над предшествующими.

Таким образом, эволюционная лабильность биологических систем обусловлена их неклассическими свойствами. При этом возникновение нового уровня организации представляет собой "трансфинитный скачок" и не может быть рекурсивно детерминировано. Оно представляет собой процесс, аналогичный созданию новой формулы, которой не было в исходном формализованном исчислении.

4.8. СЕМИОТИЧЕСКИЙ ХАРАКТЕР БИОЛОГИЧЕСКИХ СИСТЕМ

Важная особенность функционирования живой системы состоит в том, что внутренние ограничения в биосистеме, обусловленные процессами переноса информации в ней, определяют "индивидуальность", или специфику системы. Эти ограничения представляются произвольными по отношению к физическим законам, что обусловливает появление в системе отношений знак – обозначаемый объект. С физической точки зрения связь знака и обозначаемого объекта предстает как случайная или произвольная, и воспроизведение этой связи представляется результатом фиксации случайного выбора. Биологическая система функционирует в соответствии как с физическими законами, так и с собственными внутренними ограничениями, определяющими ее специфику; благодаря этим ограничениям, по выражению Г. Патти (Pattee, 1970) "молекула становится посланием". Воспроизведение случайного выбора возможно благодаря гиперциклической структуре биосистемы, при этом возникновение линейного кода явилось основой такого воспроизведения.

Вышеизложенное соответствует точке зрения, что семиотическая система внутренних ограничений является основой осуществления биологических структур в ходе их развития. Это осуществление обусловлено как внутренней структурой данной системы, так и окружающей средой, которая наделяет элементы системы значениями. Так, значения отдельных нуклеотидных триплетов различаются в ядре и митохондриях (отклонения от универсальности генетического кода). Можно указать также на различия программ развития различных клеток, что определяется их положением в зародыше ("позиционная информация" Вольперта), на детерминацию многих морфогенетических процессов факторами внешней среды (например, зависимость цветения от длины дня). Внешние факторы наделяют значениями определенные структуры в биосистемах, что приводит к появлению семиотических отношений. Эти факторы могут быть определены как эпигенетические, и их роль состоит в наделении предшествующей информации значением или смыслом. Иными словами, эти факторы обладают метаинформацией.

Таким образом, внутренняя информация, содержащаяся в биологической системе, реализуется в соответствии с триадой: генетическое – эпигенетическое – фенотипическое. Генетические структуры могут генерировать фенотипические реализации только посредством эпигенетической детерминации данного процесса. Эпигенетический уровень наделяет соответствующими значениями генетические структуры, что приводит к образованию фенотипических структур организма. Содержание наследственности включает не только генетическую информацию, но и детектор, реализатор этой информации, и оно может рассматриваться как сочетание генетических и эпигенетических факторов. Эпигенетическая структура ("ландшафт" или "поле") обеспечивает возможность чтения этой информации путем наделения последней значениями.

Эпигенетическое поле (ландшафт) является внешним по отношению к генетическим структурам, но оно может быть подразделено на собственно внешнюю часть, относящуюся к окружающей среде (Umwelt) и интериоризованную часть (Innenwelt). Данные понятия были введены основоположником биосемиотики Якобом фон Икскюлем (Uexkull, 1909). Примитивные организмы имеют относительно сложные генетические системы, но простой

Innenwelt, поэтому функционирование их генетических структур регулируется в основном окружающей средой. В ходе эволюции определенная часть окружающей среды интериоризуется (Umwelt становится Innenwelt'ом), и в высокоорганизованном многоклеточном организме эпигенетический ландшафт включает различные компоненты, например градиенты позиционной информации, и обладает сложной внутренней структурой. Неплазматическая фаза клетки (вакуоли, пероксисомы и т.д.) и межклетники могут рассматриваться как интериоризованное внешнее пространство.

Формальная система внутренних ограничений получает соответствующие значения в эпигенетическом ландшафте, которые поэтому могут рассматриваться как реализатор потенциала формальной системы. Неполнота формальной системы обусловливает возможность спонтанной активности биосистемы, которая не может быть сведена к физическому движению отдельных ее компонентов. В процессе эволюции усложнение системы Umwelt'a приводит к увеличению спонтанной активности биосистем. Новые отношения, появляющиеся в биосистемах, соответствуют новым структурам эпигенетического ландшафта, интериоризовавшимся из Umwelt'a в Innenwelt. Увеличение сложности биологической организации в ходе эволюции является результатом одновременного усложнения на генетическом и эпигенетическом уровне. Генетические структуры, которые ранее представлялись несущественными и просто избыточными, могут приобрести смысл в измененном эпигенетическом ландшафте, что приводит к интериоризации внешней его части в структуру биологического организма.

4.9. ЦИКЛИЧЕСКАЯ ДИНАМИКА В СЕМИОТИЧЕСКИХ СИСТЕМАХ И КОДИРОВАНИЕ

В соответствии с развиваемыми представлениями, мы можем дать следующее определение жизни: жизнь – это самоорганизующая и порождающая активность открытых неравновесных систем, обусловленная их семиотической структурой. При этом один из центральных вопросов, встающих при изучении сложных (биологических и социальных) систем, состоит в том, каким образом семиотические отношения связаны с динамикой системы. Этот вопрос был проанализирован Дж. Бархамом в его концепции "эволюционного прагматизма Пуанкаре" (Barham, 1993). Дж. Бархам указал, что акт узнавания (например, субстрата ферментом) включает низкоэнергетическое взаимодействие между компонентом нелинейной системы и каналом внешней среды, который вызывает переход состояния системы. В такой системе низкоэнергетическое регуляционное ("эпистемическое") действие и высокоэнергетическое ("прагматическое") действие составляют рабочий цикл ("цикл Пуанкаре"). Низкоэнергетическое действие является специфическим сигналом (знаком) для высокоэнергетического перехода, и, таким образом, два компонента цикла объединяются семиотическим соотношением. За счет трансформации низкоэнергетического действия в полезную работу система приобретает относительную автономию от внешней среды, поддерживая внутренний гомеостаз. Осциллятор Пуанкаре путем "узнавания" различает те воздействия, которые поддерживают его осцилляции, и те, которые препятствуют им. При этом достигается "эквифинальность", заключающаяся в том, что различные начальные состояния системы ведут к одному конечному состоянию (принцип эквифинальности Дриша). Отображения "много-в-одно" (эпиморфизм) являются наиболее существенными для биологической системы (Рашевский, 1968), и их наличие есть основная предпосылка семиотического характера биологической системы.

Итак, разделение системы на два уровня, один из которых является низкоэнергетическим, другой – высокоэнергетическим, объединенных циклическим процессом, создает физическую предпосылку семиотизации системы. На низкоэнергетическом уровне происходит узнавание сигнала внешней среды (такое узнавание предстает как взаимодействие, характеризующееся малой диссипацией энергии и являющееся квантовым невозмущающим измерением), для него существует особый рецепторный участок (у фермента – активный центр, у клетки – рецепторы гормонов, у организма – органы чувств), который в общем случае был назван "эпистемон" (Barham, 1993). Узнавание специфического сигнала приводит к осуществлению полезной работы, которая направлена на поддержание внутреннего гомеостаза системы, и представляет собой действие, адекватное поступившему сигналу. Таким образом, внешний фактор трансформируется в системе, и возникает циклическая семиотическая связь внешнего воздействия и реакции системы. Узнавание и реакция на это узнавание разделяются в системе (уже в такой первичной системе, как "фермент-субстрат"), и система характеризуется своим внутренним временем, обусловленным разделением узнавания внешнего объекта и последующей работы, которая производится над этим объектом или, по крайней мере, адекватно действию этого объекта.

Узнавание субстрата (или, например, гормона рецепторным участком и т.д.) является процессом, основанным на стерическом соответствии двух реагирующих компонентов. Особенно очевидно это проявляется в выборе одного из двух или более стереоизомеров при работе ферментов и построении биологической системы в целом. Такое соответствие выражается моделью Э. Фишера "ключ-замок", которая была модифицирована в представлениях об индуцированном соответствии, т.е. является топологическим соответствием. Метафорически можно сказать, что узнающая система, индуцируя соответствие своей структуры и структуры внешнего объекта, создает его образ (импринт), т.е. объект запечатляется системой за счет запоминания характерных особенностей пространственного строения (топологии) запечатляемого объекта. Появляющееся здесь семиотическое отношение построено по типу импринта, т.е. индуцируемого топологического соответствия. Поскольку реакция системы на объект не выводима из структуры объекта, объект и специфическое действие, индуцируемое им, объединены отношением, обладающим семиотической природой (Igamberdiev, 1992).

Многократное воспроизведение данного отношения (что является основой длительного существования биологической системы как гиперциклической структуры и воспроизведения этой системы) возможно за счет наличия второй семиотической системы – системы кодирования. Биологическая система, таким образом, включает две семиотические составляющие. Первая основана на структуре импринта н построена на узнавании пространственной формы объекта, вторая базируется на структуре кода и имеет линейный характер. Впоследствии эти две семиотические подсистемы предстают и на более высоком уровне: два полушария головного мозга разделяют функции логического и образного мышления, семиотическая структура культурной системы разделена на естественнонаучную и гуманитарную составляющие. По-видимому, только такая структура обеспечивает возможность расширения семиотической системы, ее "самовозрастающий логос". При этом циклический характер динамики семиотических систем обусловливает "взаимосвязи" двух семиотических составляющих, а это является основой устойчивого функционирования и воспроизведения системы.

Узнавание на основе индуцированного топологического соответствия имеет место на всех уровнях биологической организации, и каждому такому узнаванию соответствует определенная структура импринта. Однако помимо генетического кода вряд ли возможно выделить кодовые системы более высокого уровня, кроме вербального кода, появляющегося с возникновением человека. Функция этого кода, соответствующего появлению человеческого языка, состоит в обеспечении коллективной памяти культурных систем, т.е. социальной наследственности, лежащей в основе эволюции человеческого общества. Правомерно ли выделение других кодов (метаболического, нейронного и т.д.)? Скорее всего, нет, так как соответствующие им семиотические системы не имеют столь обобщенных, линейных структур с алфавитом и грамматикой, лежащих в их основе. Например, один и тот же гормон или нейропептид может служить сигналом для самых разнообразных процессов, определяемых компетенцией рецепторной клетки. Постулируемый Л.Б. Меклером и Р.Г. Идлис (1993) "стереохимический код", по их мнению, работающий, например, при сворачивании белковой молекулы, также представляет собой систему топологических соответствий, а не кодовых структур. Очевидно, код – это линейная знаковая система, необходимая для перевода трехмерных топологических импринтов с целью их многократного воспроизведения и передачи по наследству. Многочисленные трансформации топологии молекул ДНК служат для регуляции экспрессии линейного кода, а между нуклеиновыми кислотами и белками имеется множество топологических соответствий, обеспечивающих эту регуляцию.

Наличие двух дополнительных семиотических систем – образной (трехмерной) и кодовой (линейной) характерно для разных уровней семиотической организации и предусматривает диалогическое взаимодействие этих двух систем, в ходе которого осуществляется взаимоперевод одной системы в другую. Взаимоперевод этих двух семиотических систем обеспечивает длительное существование биологического вида и эволюцию системы, в ходе которой имеет место усложнение организации. На разных уровнях биологической (и семиотической) организации мы встречаемся с двумя семиотическими системами – от вполне идентичных друг другу (как парные хромосомы) до принципиально различных (предметный язык и код), диалог между которыми обусловливает развитие системы в целом. При морфогенезе имеет место взаимодействие линейной генетической системы, регулируемой по временному принципу через "закрытие" и "открытие" блоков генов (многие конкретные детали такой регуляции до сих пор не известны), через волны деспирализации хромосомы и другие механизмы, с эпигенетической системой топологических структур, взаимодействующих параметрически и по принципу пространственного соответствия (метаболические системы типа "гормон-рецептор", структуры кортекса, мембраны и цитоскелета, сверхслабые свечения и т.д.). Последние могут, вероятно, индуцировать те или иные процессы, в частности, запускаемые мультиферментными комплексами по принципу резонансного соответствия частот колебаний. Благодаря взаимодействию двух семиотических систем (генетической и эпигенетической) происходит усложнение морфологической организации в ходе индивидуального развития.

В случае морфогенеза мы сталкиваемся с ситуацией, когда от знания линейной структуры генетических кодовых систем невозможно перекинуть мост к пониманию картины процесса в целом. Однако по последовательности аминокислот, вероятно, невозможно предсказать специфичность фермента: здесь ситуация также является аналогичной.

Организация человеческого мозга предусматривает функциональную асимметрию двух его полушарий. В данном случае диалог и "взаимоперевод" двух семиотических систем реализуются на основе взаимодействия левого полушария, ответственного за логическое мышление, и правого полушария, осуществляющего образное мышление. Полноценная человеческая личность формируется в случае взаимосогласованной работы обеих систем, и нарушение связи между ними ведет к серьезным патологическим последствиям.

Степень подобия систем генетической и языковой информации исключительно высока. Генетический код и словесный код характеризуются последовательным расположением дискретных субъединиц, эти субъединицы – фонемы в языке и нуклеотиды в генетическом коде – лишены значения сами по себе, но они образуют те минимальные единицы, которые обладают своим внутренним смыслом. Все отношения между фонемами разложимы на ряд бинарных оппозиций. Переход от лексических единиц к синтаксическим группам соответствует переходу от кодонов к цистронам и оперонам (простым и сложным генам). Ограничения на расположение кодонов внутри цистронов и оперонов могут быть названы синтаксисом ДНК-цепи. Сходной чертой генетического кода и вербального языка является их строгая колинеарность и контекстная связанность.

Генетический код и человеческий язык – это два фундаментальных резерва информации, обеспечивающих ее передачу от предков к потомкам. Стабильность и вариативность заложены в одной и той же структуре и имплицируют друг друга. По Ф. Жакобу (1992) , линейность кода восходит к тому факту, что объект можно воспроизвести постольку, поскольку каждое его внутреннее соотношение локализовано. Это невозможно по отношению к трехмерной структуре, где доступна поверхность, но не внутренняя часть. В случае линейной матрицы она может быть воспроизведена полностью. Понимание структурного изоморфизма между генетическим и вербальным кодами, по мнению Р. Якобсона (1985), предполагает непосредственное копирование структурных принципов генетического кода при формировании человеческого языка. Оно основано на неосознаваемом владении организмом информацией о строении его существенных механизмов. Последний тезис, однако, вряд ли поддается рациональному обоснованию. Вероятно, различные семиотические кодовые системы строятся исходя из единых сходных принципов организации, и этот единый "номотетический" аспект выявляется при рассмотрении различных семиотических структур, не связанных друг с другом филогенетической зависимостью.

Одной из таких структур, является структура рефлексии по В.А. Лефевру (Lefebvre, 1990). Мы рассмотрим ее далее. Другая структура имеется в умозрительной глоттогонической концепции Н.Я. Марра, который сводит многообразие языков к четырем исходным элементам, состоящим из звуковых троек —бессмысленных последовательностей сал, бер, йон, рош. Любой текст в данной концепции – результат фонетического преобразования только этих четырех элементов, скомбинированных в линейной последовательности.

В каком-то смысле соответствующим структуре генетического кода могут рассматриваться учение ионийцев о четырех стихиях и учение Гиппократа о четырех жидкостях человеческого тела. Однако самое удивительное сходство с генетическим кодом можно найти в гексаграммах древнекитайской книги перемен (И Цзин). В ней разработана особая система трансформаций четырех бинарных элементов. Два начала – "мужской принцип" ян (yang), изображаемый сплошной горизонтальной чертой и "женский принцип" инь (ying), изображаемый прерывистой горизонтальной чертой, сочетаются в пары, давая четыре типа диаграфов: старый ян (▬▬), старая инь (▬ ▬), молодой ян (▬▬) и молодая инь (▬▬). Эти четыре структуры группируются по три, образуя шестьдесят четыре гексаграммы, и каждая гексаграмма означает один фундаментальный аспект бытия. На протяжении долгой истории "И Цзин" гексаграммы интерпретировались применительно к разным структурам. Одна из таких классификаций, известных как "природная", была установлена в период Сунь. Эта система ставит своей целью объяснить многообразие живого мира. Превращение жизни из одной формы в другую совершается благодаря преобразованию ян в инь или инь в ян. Отношения между живыми существами, таким образом, выведены из этой символической системы.

Глава 5

СЕМИОТИЧЕСКАЯ ОРГАНИЗАЦИЯ ПСИХИКИ

5.1. ОТ БИОЛОГИЧЕСКОЙ ОРГАНИЗАЦИИ К СТРУКТУРЕ ПСИХИКИ

Биологическая организация характеризуется семиотической структурой в отсутствие структуры субъекта, т.е. носителя языка, отделенного от самого языка. Биологический язык – это язык с жестко фиксированными значениями. Знаковость имеет место внутри наиболее общей структуры биологического объекта – структуры гиперцикла, т.е. такой структуры, когда "приборы" (катализаторы) катализируют производство матриц для своего же воспроизведения. Именно в этой структуре обязательно возникает семиотическое отображение.

Как еще отмечал Ч. Пирс (Peirce, 1935-1958), путь от объекта к знаку не равен пути от знака к объекту, т.е. знаковость диссимметрична. Знаковость в биологических системах – это импринт (отпечаток) случайного выбора. Однако в определенной степени импринт предопределен предшествующей структурой, налагающей границы на возможное дальнейшее усложнение структуры. В этом состоит номотетический (закономерный) аспект эволюции импринтов. Вместе с тем новая знаковая система не может рассматриваться как соответствующая заранее заданной "косной" реальности, т.е. при своем возникновении она сама формирует новую реальность, с которой вступает в определенное отношение. Несколько знаковых систем, относясь друг к другу как внешние, могут обнаружить свою истинность или ложность, фальсифицируя друг друга, и этот процесс заранее не может быть предопределен. Налицо "тихогенетический", случайностный, дарвиновский характер эволюции, и в физическом плане он восходит к неабсолютному характеру квантовых неразрушающих измерений.

Формальная знаковая система, характеризующая биологическую систему, обладает существенным свойством формальных систем – неполнотой. Это означает, что некоторые отношения в ней ("высказывания") могут быть наделены смыслом (истинностью или ложностью) только в результате эволюции данной системы, которая заранее непредсказуема. Исходно эти высказывания не доказуемы и не опровержимы в данной системе, но они в принципе могут быть наделены смыслом. Это есть логическая предпосылка эволюции биологических систем, определяющая существенный индетерминизм эволюции (физической предпосылкой, как мы уже сказали, является принцип неопределенности Гейзенберга). Вместе с тем предшествующая структура формальной системы налагает рамки на дальнейшее формообразование, и это определяет номотетический аспект эволюции, так как формальные системы в определенной степени подчиняются комбинаторным преобразованиям.

Итак, семиотический характер биологических систем держится на их физическом неравновесии. Достаточно сложные знаковые системы возникают в биологическом мире в соответствии со структурой импринта. Случайный выбор, "запечатленный" однажды, будучи интериоризован в памяти системы, повторяется многократно как знак. На импринте основываются и структуры обществ животных. Достаточно вспомнить этологический импринтинг – отождествление первого увиденного предмета с матерью, а также знаковые системы обществ животных, основанные на жестких командах, передающихся по наследству как безусловные рефлексы. Функционирование этих знаковых систем в значительной степени препятствует социальной эволюции этих обществ. Эта эволюция подчиняется биологическим закономерностям, она случайна и не предусматривает переходов на более высокие уровни социальных отношений.

Как указывает К. Лоренц (1994), некоторые действия в процессе филогенеза утрачивают свою первоначальную функцию и превращаются в символические церемонии (ритуализация). Инстинктивное действие при этом является наследственно закрепленной копией тех действий, которые первоначально вызывались другими стимулами. Наследственно закрепленное действие обусловливает появление устойчивой связи в обществе животных, т.е. усложнение его семиотической организации. Вопрос о том, как наследственно закрепляются (ритуализуются) определенные действия, очевидно, не может быть решен финитными средствами: как и возникновение новых элементов человеческого языка, генетическая фиксация не может быть заранее предсказана и дедуктивно выведена из предшествующей организации. В этом состоит открытость биологической эволюции, ее в определенном смысле индетерминистический характер.

В ходе эволюции происходит расширение биологических систем за счет включения в сферу их "компетенции" (Umwelt) все новых предметов внешнего мира. Но этот Umwelt не может в принципе включить в себя весь мир, поскольку не имеется биосемиотической структуры, включающей в себя актуальную бесконечность (класс всех классов, или целостность). Социальная эволюция может иметь место, только когда появляется данная структура.

5.2. СЕМИОТИЧЕСКАЯ СТРУКТУРА ПСИХИКИ (ЭДИПОВ КОМПЛЕКС)

По мере усложнения семиотической системы в процессе эволюции она трансформируется таким образом, что оказывается способной описывать самое себя. Однако это свойство не выводимо из формальной структуры биологических семиотических отношений. Оно появляется как творческий акт, недетерминированный трансфинитный скачок. В возникающей структуре более высокой организации биосемиотическая структура предстает как один из уровней новой, более сложной структуры: как бессознательное.

Поскольку биосемиотическая система имела определенную структуру, то эта структура сохраняется, и бессознательное ею обладает. Оно состоит из биосемиотических импринтов. В этом смысле нужно понимать высказывание Ж. Лакана: "Бессознательное структурировано как язык" (Lacan, 1971). Однако структура бессознательного усложняется за счет воздействия на него других уровней. Импринты объединяются в структуры, характеризующие коллективную рефлексию социума, возникают архетипы бессознательного (Юнг, 1991). Исходный уровень – это биологические импринты, структурирующие уровень бессознательного. Второй уровень – архетипы – уже имеет социальное происхождение. Следует подчеркнуть, что бессознательное исключает течение времени, которое проявляется при взаимодействии с другими уровнями.

Психоаналитическая концепция, восходящая к З. Фрейду, исходит из многоуровневости психического. Запреты, т.е. результаты бифуркаций, кодифицированные в системе человеческого общества, оказываются вытесненными в сферу бессознательного. Бессознательное, таким образом, представляет собой результат истории. В нем действует биологический уровень, структурированный запретами, которые имеют лингвистическую природу. Сознание возникает при взаимодействии структурированного бессознательного с внешним миром, который сформирован предшествующей культурой и деятельностью субъекта. В результате появляется мир как представление, как структурированная объективная реальность. Предпосылкой такой структурированности является взаимодействие "структурированного как язык" (Ж. Лакан) бессознательного с объективной реальностью, которая структурирована предшествующей человеческой деятельностью. Соответствие этих двух структур и позволяет "осмыслить" внешний мир и даже говорить о его отражении. Происходит как бы наложение одной структуры на другую и генерация новых отношений между элементами субъективной и объективной реальностей, построенных по принципу произвольности знака. При этом возникающая новая знаковая структура определяет появление сознания, т.е. возможности осмысленной коммуникации между различными субъектами, опосредованной единой культурой.

Именно выяснение того, каким образом язык функционирует в культуре, было одной из главных заслуг З. Фрейда.

Другой важной стороной, раскрытой психоанализом, является то, что функционирование языка в культуре имеет непременным условием осознание человеком конечности своего индивидуального бытия. Это следует из того, что созерцание предмета, являющегося в лингвистической системе "означающим", порождает припоминание "означаемого", которое может в данный момент отсутствовать. Таким образом, черточка в формуле знака означающее/означаемое обозначает небытие, разделяющее эти две субстанции, и память есть, по определению Гегеля, "создающая знак деятельность", т.е. деятельность, устанавливающая связь через разделяющее две вещи небытие. Память, таким образом, является главнейшим организующим принципом существования человеческой культуры. Однако при этом может возникать ситуация, когда "означающее" предполагает отсутствующий объект, и бытие оказывается разорванным, полным знаков, которым не соответствуют присутствующие объекты. Подобный механизм лежит и в основе осознания человеком конечности своего бытия. Но здесь же и источник преодоления этой конечности через осознание всеобщей трансцендентной связи "означающих" и "означаемых", через осознание того, что слово есть всеобщий принцип организации реальности и что слово, как наиболее общее понятие, обозначает всю реальность как таковую, а она, в свою очередь, рассматриваемая как целое, не является преходящей. От того, как в разных культурах осмысливается этот принцип и насколько глубокое выражение он получает, зависят фундаментальность и стабильность той или иной культуры.

Если психоанализ раскрыл структурную организацию психического, то разработка диахронического развития психики, ее онтогенеза принадлежит Ж. Пиаже (1986). Его генетическая психология исходит из того, что в ходе индивидуального развития человека происходит становление логики, т.е. логика не есть нечто наперед данное, но является результатом развития.

При этом происходит смена различных логических структур, и более поздние из них оказываются результатом ограничения предшествующих. Таким образом, важнейшей задачей психологии, по теории Ж. Пиаже, является поиск логики, описывающей становление и смену логических схем. Задача оказывается сходной с той, которую решает интуиционистская математика: анализу подвергается не просто конструкция, но ее становление. Логические схемы, посредством которых мы структурируем мир, не являются заданными *a priori* и не предопределены только строением внешнего мира, но представляют собой результат развития, результат истории.

Психологическая семиотическая структура – это, в самом общем выражении, рефлексия импринтов через осознание себя в другом. В результате возникает "осознавший себя знак", который становится основой социальной структуры. Известен импринтинг в этологии – отождествление первого увиденного предмета с матерью. Здесь еще нет осознания внешнего мира, оно приходит, когда возникает образ того, кто тоже связывается с образом матери и в котором отражается раннее отождествление, – образ отца. Так возникает Эдипов комплекс.

С образом отца приходит включение внешнего мира в семиотическую структуру. Поскольку в структуре Эдипова комплекса отец препятствует полному обладанию матерью, это равносильно селектированию значений из бессознательного через подавление и структурирование желания, т.е. через архетипизацию импринтов, из которых состоит бессознательное. При этом в формальной структуре бессознательного происходит наделение неопределенных высказываний смыслом. Иными словами, архетипизация есть редукция неполноты формальной системы бессознательного посредством действия внешнего образа. Если в биологической эволюции это происходило случайно, индетерминистски, то здесь данный процесс включен в структуру субъекта.

Наделение неопределенных (недоказанных) формальных высказываний смыслом есть семиотическая операция, и тот, кто наделяет, имеет символическую природу. Это "символическое" (Ж. Лакан) или "Сверх-Я" (З. Фрейд) есть то внешнее, которое всегда присутствует в виде знака, детерминанты, отсутствуя в данный момент материально. Оно селектирует значения из бессознательного, потому бессознательное обладает такой характеристикой, как "речь другого" (Ж. Лакан).

Итак, в структуре субъекта символическое предстает как внешнее, в Эдиповом комплексе ассоциирующееся с отцом. Иными словами, структура субъекта обладает знаком, обозначающим внешнее как таковое. Исходно он ассоциируется с отцом, селектирующим значения из бессознательного и наделяющего именем. Однако внешнее как таковое, символическое, может в более продвинутых культурных системах ассоциироваться с "отцом для всех", с Богом как Словом, Знаком Универсума. Иными словами, предпосылкой возникновения понятия Бога является включение в семиотическую структуру в знаковой форме понятия актуальной бесконечности.

Наличие бессознательного ("реального" по Ж. Лакану, т.е. того субстрата, на котором разворачивается психологическая семиотическая структура) и символического (превращающего импринты из возможных, по Ч. Пирсу, в обязательные знаки) подразумевает существование третьей компоненты структуры субъекта, т.е. того, что Ж. Лаканом было названо "воображаемым". Внешний мир в структуре субъекта, таким образом, делится на символическую реальность и реальность не структурированную, как бы "материальную". Эта реальность в Эдиповом комплексе ассоциируется с матерью, т.е. это объект (означаемое) импринтов бессознательного, объект желания, который через символическое "отдаляется", становится "более внешним", так как знаки исходно суть запреты.

Поскольку исходно (даже в этологическом импритинге) "Я" ассоциирует себя с матерью, то этологическая (являющаяся биосемиотической) структура может рассматриваться как исключающая "Сверх-Я", т.е. биологический "субъект" не отчленен от внешнего мира. Поэтому, строго говоря, в биосемиотической системе "Я" (субъект) еще не присутствует. "Я" (субъект) появляется как проекция "Сверх-Я" в бессознательное, благодаря чему происходит разрыв желания и объекта внешнего мира. Поэтому в абсолютных категориях религиозных систем наряду с Богом-Отцом присутствует и абсолютное женское начало, *das Ewig-Weibliche* (Гете), персонифицированное в разных религиях различным образом. Оно, в отличие от символического, всегда присутствует, но символическое налагает на него запрет.

Итак, структура субъекта, предстающая исходно как структура Эдипова комплекса, означает включение внешнего мира (потенциально как целого) в семиотическую систему. Umwelt, т.е. "интериоризованное" внешнее пространство, приобретает способность расширения до бесконечности. Это и означает возникновение сознания, поскольку именно эта структура позволяет включать в семиотическую систему себе подобных и становиться на место другого.

Что значит "становиться на место другого" и "осознавать другого как субъекта"? Ответ на этот вопрос также определяется структурой Эдипова комплекса. Символическое определяет отношение к объекту желания, т.е. внешнее включено в структуру субъекта как символическое, которое, отсутствуя, определяет структуру системы. Это тождественно в Эдиповом комплексе "убийству отца", в результате чего его выражением может стать какой-либо другой объект в системе, которому можно поклоняться, а отец представляет собой замещенный объект. Отношение к этому (мифологическому) "событию" определяет структуру различных религиозно- культурных систем. Христианство снимает противоречие принесением в жертву сына и тем самым открывает возможность для бесконечного развития христианской культурной системы.

Итак, Эдипов комплекс включает "замещенный объект". Отец – отсутствует (убит) и присутствует (как символ). Бытие и небытие сходятся в одном знаке – это важнейшая черта структуры субъекта. Именно с этим связаны все основные свойства, касающиеся структуры человеческой личности, и прежде всего переживание (рефлексия) собственной конечности (смерти). В то же время здесь заключена и возможность снятия этого противоречия. Через понимание данной структуры может быть осмыслена и идея воскресения.

Отсутствие (небытие) и присутствие (бытие), совмещенные в одном символе, обеспечивают сочетание в одном объекте разных уровней. Структура знака включает в себя небытие, которое разделяет означающее и означаемое. Данный разрыв открывает возможность появления в семиотической системе прошлого и будущего времени. Одна часть семиотизируется как символ прошлого (в культуре возникают захоронения), другая – как будущее (появляется представление о возможных мирах, конце света и т.д.).

Структура субъекта, по Ж. Лакану, возникает тогда, когда ребенок начинает идентифицировать себя с отражением в зеркале. Именно с этого момента появляется способность стать на место другого. Но для этого нужно, чтобы понятие "другого" было включено в семиотическую структуру, а это становится возможным в результате формирования Эдипова комплекса.

Итак, Эдипов комплекс (в более широкой трактовке структура субъекта) – это нетривиальная семиотическая структура, определяющая возможность включения в себя внешнего мира и в конечном счете актуальной бесконечности через их семиотизацию. Это логическая структура отношений между сознанием и внешним миром, определяющая возможность обозначения себя в другом, т.е. возможность становиться на место другого. Она включает в себя историю, будущее и актуальную бесконечность. Условием возникновения Эдипова комплекса является неполнота биосемиотической системы (бессознательного), т.е. структура Эдипова комплекса есть метаязык по отношению к биосемиотическому и вместе с тем реализация возможности перевода биосемиотическое в метаязык.

5.3. ЛОГИКА ПСИХОСЕМИОТИЧЕСКОГО

Итак, биосемиотика построена на структуре импринта, а психосемиотическая реальность – на структуре рефлексии

(Я-в-другом), восходящей к универсальной триаде Эдипова комплекса. В социальной реальности отношение объект/знак (исходный импринт) рассматривается как семиотический объект более высокого уровня: знак интерпретируется в другом знаке. Это возможно только в рамках структуры субъекта: "Я" входит в "другого" (или "другой" в "меня") не материально, но в форме знака (семиотическая связь). Иными словами, "Я" присутствую в другом как знак и отсутствую как материальный объект, т.е. имеет место противоречивое сочетание бытия и небытия в структуре субъекта. Эта структура восходит к Эдипову комплексу (импринт себя в отсутствующем отце), и именно такая структура делает возможным неограниченное расширение психосемиотического Umwelt'a, расширение его до бесконечности, включение в него мира в целом. Именно здесь находится корень хайдеггеровского "вопрошания поверх сущего".

В структуру субъекта любой внешний объект может войти как знак, будучи трансформированным через другой объект. В биосемиотической реальности структура импринта не дает возможности для такого расширения. Превращение возможного знака (импринта, возобновляющегося через гиперцикл) в обязательный знак происходит через его интерпретацию в другом объекте. Импринт становится семиотическим объектом более высокого уровня.

Так возникает человеческий язык и одновременно социально организованная трудовая деятельность. Внешний предмет может стать орудием труда только тогда, когда он "назван", т.е. отображен в другом объекте (слове). Так возникает социальная (коллективная) память, и основным звеном эволюции становится социальная группа (общество). Эта группа обладает памятью как "создающей знак деятельностью" (Гегель), и эта память определяет принципы практического освоения расширяющегося в результате социальной деятельности Umwelt'a.

Язык помимо слов, обозначающих внешние предметы, включенные в психосемиотическую структуру, и операции, которые можно проводить над ними, неизбежно должен включать в себя обозначения той способности наделения предметов знаковостью, которая делает возможным их включение в расширяющийся Umwelt и определяет тем самым существование данной социальной группы. Иными словами, возникает обозначение того, что определяет саму возможность семиотизации мира. Этот "объект" не находится на одном уровне с другими объектами внешнего мира, поэтому он отсутствует и одновременно присутствует во всем, противоречиво сочетая в себе бытие и небытие, т.е. определяя бытие всех объектов как включенных в семиотический Umwelt и не принадлежа множеству этих объектов. В Эдиповом комплексе это убитый отец, в религиях (которые имеют структуру Эдипова комплекса) это высшая реальность (Бог), и от структуризации этой реальности зависит особенность организации тех или иных социальных групп, т.е. культур, например, принесение в жертву сына (в Христианстве) снимает вину за убийство отца и открывает возможность бесконечного развития построенной на основе этой структуры культурной системы. Иными словами, культурные системы строятся в соответствии со способами разрешения исходного противоречия Эдипова комплекса и их разнообразие коррелирует с разнообразием типов неврозов (Фромм, 1990).

По отношению к объектам психосемиотической системы объект, определяющий способность наделения предметов знаковостью, выступает как актуальная бесконечность. Именно субъект (с его структурой), интериоризовав внешнее, включив его как знак, может поставить себя в определенное отношение к внешней реальности через порождение неперечислимого множества, "вопрошая поверх сущего". Абсолютная реальность является основанием для расширения любой модели: через актуальную бесконечность возможно отображение в область, которая до этого еще не определена, т.е. она только будет наделена значением.

Наша способность воспринимать собственное восприятие позволяет сознанию строить представление о мире в целом. При этом наше фундаментальное формирование смысла означает, по Хайдеггеру, вовлеченность в процесс построения мира. Невозможность полного объективирования мира является предпосылкой холистического представления о нем, и рефлексия мира в целом приводит к пониманию бытия как присутствия, в котором происходит постоянное достраивание мира через постоянное участие человека в драме бытия (Стюарт, 1990). Неформализуемый, необъективируемый "остаток" при формировании картины мира, не выводимый из ничего и не сводимый ни к чему, и есть основание личности, основание свободы воли человека.

Итак, рассмотрим вопрос: Как субъект ставит себя в отношение к внешней реальности?

Порождение высказывания, структура которого подразумевает, что субъект наделяет элементы внешней реальности значениями, не будучи сам включенным в эту реальность, является исходным моментом установления отношения субъекта и внешней реальности. Этот процесс есть творческий акт и не может быть детерминистически выведен из структуры субъекта или внешней реальности (он может получить косвенное объяснение, например, через утверждение о пассионарности субъекта). Таким образом, порождение высказывания, структура которого неявно подразумевает включенность актуальной бесконечности, является тем действием "малой силы", которое выявляет (рождает) противоречие, расчленяющее систему на разные уровни, объединенные семиотическим отношением. В результате "из ничего получается нечто" – вакуум структурируется. В конечном итоге структура возникает именно в момент данной структуризации; говоря о предсуществовавшей структуре, мы делаем ситуацию упрощенной, более понятной для одноуровневого восприятия.

Рассмотрим сказанное на примере противоречивой фразы (семантический парадокс) Эпименида "Все критяне – лжецы" и ее возможных последствий для Эпименида и общества критян.

Произнеся фразу "Все критяне – лжецы", Эпименид, характеризуя систему в целом (всех критян), становится тем, кто наделяет это целое сигнификативным свойством (лжецы). В результате Эпименид оказывается в выделенном положении: он уже не "один из критян", т.е. тогда мы приходим к логическому противоречию: он становится "объектом", характеризующим систему в целом (выражающим ее существенное свойство) и в то же время не принадлежащим ей. Система расчленяется на уровни (Эпименид и критяне, разделенные небытием: Эпименид – означающее, критяне – означаемое, S/s, как в соссюровской формуле знака). Логическое противоречие появляется, когда мы осуществляем одноуровневую формализацию данного состояния.

Каково следствие данной ситуации? Эпименид – как отец в структуре Эдипова комплекса, отсутствующий элемент множества, благодаря которому множество приобретает знаковый смысл. Оно приходит в движение благодаря наделению его свойством ("лжецы"). Либо оно не принимает это свойство как истину, тогда Эпименида изгоняют или убивают, следствием чего наступает рефлексия осознания своей вины и неправоты, и Эпименид может стать предметом поклонения (например посмертно), либо общество осознает правоту Эпименида сразу, тогда оно переводит его на другой уровень, все равно отделяя его (например, провозглашая пророком или делая царем). Следствием данной рефлексии является изменение общества (исправление его): осознав, что они лжецы, критяне стараются измениться в лучшую сторону. Таким образом, фраза Эпименида является истинной причиной движения общества, а физическое пространство и время – только предпосылки, и движение имеет семиотическую природу (далее мы это рассмотрим на примере одного из кинематических парадоксов Зенона).

Противоречивая фраза Эпименида, будучи интериоризована в общество критян, ведет к его эволюции. Разумеется, все вышеизложенное есть модельный пример, не соответствующий конкретной исторической действительности, но он наиболее четко показывает действие семиотических принципов в социальной структуре общества. Фраза Эпименида внутренне противоречива, если Эпименида рассматривать включенным в множество критян, но именно такого рода противоречивые высказывания могут структурировать и менять систему в целом. Нагорная проповедь Христа тоже противоречива, и именно благодаря этому она обладает огромной внутренней энергией, полученной от произнесшего ее.

Итак, пространственно-временная структура системы есть следствие творчества (т.е. новой формулы, в данном случае "Все критяне – лжецы"). Что же такое пространственно-временная структура, каково ее семиотическое происхождение, как она формируется? Рассмотрим это на примере кинематического парадокса Зенона "стрела". Стрела в каждой точке пространства покоится, но тогда она не может двигаться – вот в чем суть этого парадокса.

Фраза "Все критяне – лжецы" появляется из-за возможности соотнесения Эпименида не с критянами, а с людьми вообще. Все критяне – люди, но не все люди критяне (диссимметрия), отсюда – возможность для Эпименида не быть лжецом (ведь критянин – только имя, его можно отменить). Далее следует непредсказуемый переход на новый уровень благодаря созданию формулы "Все критяне – лжецы". Эпименид ассоциирует себя не с критянами, а с человеком вообще, так же, как и Христос.

Парадоксы Зенона, на первый взгляд, не имеют ничего общего с парадоксом Эпименида. В чем парадоксальность апории "стрела"? В том, что в один и тот же момент стрела движется и не движется. В чем причина этого? Причина, очевидно, в том, что не может быть физической первопричины движения. Иными словами, это означает, что источник движения – не в самой стреле, а в том, кто ее запустил (стрелок). "Сама" она не движется. Формальное физическое пространство-время есть следствие действия стрелка. Если в апорию "стрела" ввести стрелка, то получается парадокс Эпименида. Действительно, стрелок осуществляет движение, вводя противоречивую формальную систему, если ее анализировать одноуровнево (пространство-время), но каждая точка этого пространственно-временного интервала (пути), означена действием стрелка. Поэтому в конкретный момент стрела присутствует в этой точке и отсутствует, покидая семантическое поле, определенное стрелком, так же, как критяне, "исправляясь", перестают быть лжецами. Эпименид строит противоречивое высказывание, осуществляя тем самым движение. Стрелок относится к стреле так же, как Эпименид к критянам: это семиотическое отношение означающее/означаемое, разделенное небытием. Разнесение по разным уровням проясняет семиотический характер обоих парадоксов. В этом смысле совершенно очевидно, что физическая картина мира не может быть полной: биология и тем более психология полнее физики, при этом они семиотически определяют параметры физического мира. В этом суть антропного принципа. Согласно последнему, Вселенная "адаптирована" к наличию в ней жизни и человека, и значения фундаментальных физических констант таковы, что обусловливают возможность возникновения жизни и сознания.

5.4. РЕФЛЕКСИЯ И ПРОБЛЕМА МНОГОЗНАЧНОСТИ ЯЗЫКОВЫХ СИСТЕМ

Структура субъекта основана на рефлексии, посредством которой субъект осознает себя через определенного рода отображение. Это отображение обладает некоторой структурой, которая позволяет построить формальную модель рефлексии. Такая модель была впервые предложена В. Лефевром (Lefebvre, 1990). Она основана на том, что оценка субъектом себя и ощущение этой оценки как негативной или позитивной осуществляется без усилий сознания, и механизмы этих оценок работают автоматически. Оказалось, что структуру рефлексии можно моделировать с помощью булевой алгебры; при этом выявляются определенные управляющие человеческой природой законы. В модели В. Лефевра выявляются рефлективные этические аспекты семантических парадоксов (типа "лжеца"). Модель рефлексии В. Лефевра дает формальную модель "развития" парадоксов.

Рефлексия включает следующие компоненты: a_0 – интенция субъекта А, которую он сам не ощущает, a_1 –

интенция образа себя, переводящая исходную интенцию в действие (поведение), и a_2 – представление субъекта о том, как он представляет (оценивает) собственную интенцию. Каждому компоненту рефлексии могут быть приписаны два значения (0 или 1), и комбинация этих значений дает конкретную структуру субъекта. Весьма важными являются структуры, включающие двух субъектов A и B, т.е. случай, когда рефлексия осуществляется через второго субъекта. Построение формальных моделей рефлексии позволило прийти к выводу о существовании двух принципиально различных этических систем ("западной" и "восточной"): в первой соединение вещей, имеющих противоположную оценку, воспринимается негативно, разъединение – позитивно, а во второй соединение "дурного" и "хорошего" оценивается как позитивная ситуация, а разъединение – как плохая.

Рассмотрение рефлексии не в философском, но в конкретном плане позволило обосновать ряд фундаментальных выводов, и прежде всего было дано формальное доказательство самой рефлексии. В структуре рефлексии появляются математические константы, характеризующие человека как Закон Универсума, например константы бинарного выбора, когда испытуемый из более или менее однородных объектов выбирает примерно 62% как "хорошие", удовлетворяющие позитивному критерию выбора. Обосновывается набор музыкальных интервалов, характеризующий европейскую музыкальную традицию, объясняется выбор золотого сечения при создании художественных форм (в архитектуре, живописи).

В формальной модели рефлексии структура субъекта моделируется тройками бинарных оппозиций (интенций субъекта), а общее количество получающихся структур кратно четырем (восемь в простой структуре, включающей один субъект A). Таким образом, возникают комбинации, подобные структуре генетического кода, и это может рассматриваться как проявление единой общей закономерности формирования кодовых структур на разных уровнях организации.

Структура рефлексивного выбора должна обусловливать фундаментальное свойство человеческого сознания – его функционирование как фильтра при оперировании значениями слов. В отличие от жестких формальных языков каждое слово обыденного человеческого языка имеет вероятностный спектр значений, который редуцируется при употреблении слова. Возможный спектр значений слова может быть выражен (хотя, наверное, метафорически) функцией распределения, описывающей соответствующую кривую (формула Бейеса). В ходе употребления языка в зависимости от контекста и от включенности субъекта в ту или иную ситуацию осуществляется выбор значений, но уже не бинарный, а из более широкого поля, в котором одни значения более, а другие менее вероятны. При этом возникает ситуация незапрограммированности такого выбора, т.е. невозможности его строгой формализации. Выбор, очевидно, является результатом неформализуемого диалога, в ходе которого осуществляется взаимоперевод двух семиотических систем, соотнесенных с двумя полушариями головного мозга, и в процессе выбора значений оказываются возможными нетривиальные решения (создание новых метафор в художественном творчестве).

Вероятностная модель языка В.В. Налимова (1979) обосновывает именно спонтанный характер редукции спектра значений слов. При этом следует учитывать, что заранее спектр значений слов не может быть полностью определен и что творческая активность сознания, т.е. спонтанного процесса, надстраивающегося над механизмами рефлексии и переработки вербальной информации, обеспечивает недетерминированное заранее наделение слов новыми значениями, например создание метафор.

Процесс выбора значений слов был исследован в работах К. Матсуно (Matsuno, 1993). Было установлено, что человеческий мозг в этом процессе работает как непрограммируемый компьютер, осуществляя заранее непредсказуемый процесс выбора. Многозначность слова означает, что оно потенциально несет больше информации, чем элемент жесткой формальной системы, в которой многозначность существенно ограничена. Многозначность в формальной системе приводит к утрате ее способности давать четкое описание того или иного процесса, но многозначность слов человеческого языка, напротив, обеспечивает его гибкость, лабильность и огромную информационную емкость. Например, если слово имеет три значения, то количество информации, генерируемое языковым процессом мозга при выборе конкретного значения, будет $\log_2 3$ бит. Однако если перед этим был сделан выбор, позже оцененный как ложный, то к данному количеству информации добавляется еще $\log_2 2 = 1$ бит, и общая сумма информации, требуемая для точного семантическом выбора значения слова, равна $\log_2 3 + 1$ бит. Необходимость оценки предыдущих семантических решений увеличивает количество той информации, которая должна генерироваться для наделения каждого слова значением (Matsuno, Lu, 1991). Таким образом, существуют формальные правила работы мозга как "непрограммируемого компьютера", и анализ выбора значений показывает, что при этом появляются математические закономерности, например возможный максимум среднего количества лексических значений слова, которое мозг способен воспринять и переработать одновременно, равно 3,3; в случае большего количества значений мозг не смог бы успешно осмысливать контекст. Если бы мозг работал как программируемое компьютерное устройство, максимальное среднее количество значений на одно слово, которое можно переработать для понимания контекста, как было рассчитано, было бы не более чем значение числа е (2,718). При этом сама процедура выбора не может быть однозначно формализована, попытка такой формализации приводит к логическим парадоксам, что свидетельствует о наличии выбора на другом уровне по отношению к уровню, на котором осуществляется редукция потенциальных возможностей при селектировании значений слов.

Исходный пункт рефлексии, по Гуссерлю, это феноменологическая редукция, которая позволяет производить выключение пространственно-временного и психического из представления о мире (Гуссерль, 1994). То, что остается – это чистое сознание, которое обладает некоторой "структурой" и может быть предметом философского ("феноменологического", по Гуссерлю) анализа. Пространственно-временной мир, включая человеческое "я", т.е. психическое, предстает просто как интенциональное бытие, которое обладает относительным, вторичным смыслом бытия для сознания. Сознание характеризуется именно направленностью на объект (интенциональностью) и включает мышление (ноэсис) как необъективируемое начало, интенционально связанное с мыслью (ноэмой), т.е. тем, что соответствует эйдосу Платона, или бесконечному пределу в математике. Ноэма есть элемент сознания, представляя собой идеальный объект, выражающий ноэматический смысл, который ставится в соответствие конечному множеству или элементу (ноэматическому корреляту), ассоциирующемуся с объектом внешнего мира ("материальным" объектом). Формирование семиотических языковых структур, выражение смысла одного объекта через другой (метафора) или целого через его часть (метонимия) возможны при этом на основе первичной смыслопорождающей структуры сознания.

5.5. МИФ И ПСИХОСЕМИОТИКА

Рассмотрение парадоксов приводит нас к выводу, что формализованное одноуровневое представление структуры субъекта внутренне противоречиво и не может адекватно выразить данную структуру. Есть ли способы разрешения логических противоречий, возникающих при описании структуры субъекта, и возможны ли семиотические конструкции, адекватно описывающие эту структуру? Предшествующее изложение уже представило нам такую структуру на примере Эдипова комплекса. Это – структура мифа.

Что представляет собой структура мифа? Как указывает К. Леви-Строс (1985), сущность самого мифа – рассказанная "история", цель которой – дать логическую модель для разрешения некоего противоречия. Отсюда – бесконечное число повторений, которые выявляют структуру мифа.

Рост мифа непрерывен и может длиться пока не истощится импульс, давший ему начало. Но если основание импульса восходит к актуальной бесконечности, то история тоже будет бесконечной. Так, актуально бесконечные основания христианской религии являются основой принципиально неисчерпаемого развития христианской культуры и цивилизации.

Миф есть язык, но язык самого высокого уровня, когда смысл отделяется от языковой основы, поэтому миф не может быть формализован однозначно, и ему соответствует множественность формальных структур, соотносимых с мифом.

Противоречие, лежащее в основе мифа, может разрешаться по-разному, и в разных культурах эти разрешения будут определяться особенностями конкретной культуры, в то время как миф, лежащий в основе этих культур, может быть единствен (исходная мифологическая структура вообще одна и восходит к Эдипову комплексу). Иными словами, множественность слоев, выявляющих структуру мифа (формальных систем, строящихся на его основе) делает возможным возникновение различных культурных систем. История лежит в структуре мифа, но вместе с тем она порождается мифом: разворачивание формальных структур на основе структуры мифа и есть история. Хотя миф и убивает историю, сворачивая ее во вневременную структуру и воспроизводя исходный архетип сакрального времени, он сам является источником образования порождаемых им семиотических структур, производных по отношению к нему, а их разворачивание составляет суть истории.

Как взаимодействуют между собой формальные структуры, возникающие в ходе разворачивания мифа? Это взаимодействие идет по Попперу – формальные структуры фальсифицируют друг друга. Однако по мере развития культурных систем "варварская" фальсификация, затрагивающая нижележащие уровни (биосемиотический и физический), заложенные в основу данной психосемиотической структуры, т.е. фальсификация, которая может выражаться в форме войн, переходит в когнитивную сферу и предстает как борьба идей, теорий, modus'ов vivendi. При этом она приобретает, скорее, черты витгенштейновской игры, тем более, что витгенштейновская игра и фальсификация Поппера имеют единые субстанциальные принципы (Сокулер, 1988). При этом выясняется, что языковая игра, как и фальсификация, не опирается на основания, и ее правила суть социальные конвенции, определяемые самой культурой системой. В ходе ее формируются "семейные сходства", и культурные системы эволюционируют и объединяются. Это движение есть "самовозрастающий логос", восходящий к актуальной бесконечности оснований мифа, т.е. исходной структуры Эдипова комплекса. "По какому бы пути ты ни шел, границ психеи ты не найдешь, столь глубок ее логос" (Гераклит).

Отсутствие конечных оснований у игры и фальсификации является предпосылкой того, что процесс развертывания формальных структур на основе мифа, т.е. история, является необратимым. То, что этот процесс движется не в сторону большего соответствия какой-то предшествующей реальности, а в направлении того, что не определено заранее и разворачивается в ходе этой самой фальсификации, делает его в определенном смысле индетерминистским и "творческим". Это, скорее, творческая эволюция по Бергсону, чем что-либо другое, но эта эволюция не исключает закономерного (номотетического) аспекта, поскольку уже существующее "развертывание" налагает рамки на последующее, не предопределяя его целиком. Та или иная формальная структура, будучи только одной из возможных интерпретаций исходного мифа, предстает как "исторически преходящая", и вместо категорий истинности и ложности существенной ее характеристикой становится историчность знаковости. Иными словами, история с ее необратимым течением связана с неполнотой формальных систем, возникающих на основе структуры мифа, и с преодолением этой неполноты. Но какие значения будут приобретать ранее "не означенные" (неопределенные) элементы формальной системы, заранее сказать нельзя.

Итак, необратимость, времени исходно имеет семиотическую природу. Такая трактовка восходит к Августину – именно он первый обратил внимание на знаковый характер времени (прошлое и будущее существуют в душе как знаки).

Восприятие времени, согласно Э. Гуссерлю, включает а) теперь-точку (первоначальное впечатление); б) ретенцию, т.е. первичное удержание этой теперь-точки и в) протенцию, т.е. предвосхищение, конституирующее то, что приходит. Налицо семиотическая структура, в которой теперь-точке (настоящему) одномоментно ставится в соответствие ретенция и протенция, т. е. включенные в структуру прошлое и будущее. Формальная структура существует вне времени, но развертывание формальных структур и смена их – вот неформализуемый в принципе процесс, который и соотносится с необратимостью времени. Отголосок этой необратимости наблюдается в том факте, что язык обратим во времени (поскольку он есть чисто пространственная структура), а речь во времени необратима (она порождается на основе языка). При этом соссюровский линейный характер означающего есть та семиотическая основа, которая определяет однонаправленность, одномерность времени.

Историчности знаковых систем соответствуют структуры, самым общим образом выражающие особенности формальной системы и вытесняемые в бессознательное. Это структурированные трактовки мифологических систем, которые формируют верхний, социальный уровень бессознательного, образуя архетипы. Этот уровень предстает как результат истории (З. Фрейд), поэтому он коллективен (К. Юнг) и поэтому разные общества построены по типу разных разрешений исходного противоречия мифа (Эдипова комплекса). "Слои" ("разрешения") Эдипова комплекса соответствуют разным типам обществ (Э. Фромм).

Когда символическое поднято до своей исходной сути, т.е. актуальной бесконечности, являющейся его единственным основанием и, следовательно, основанием структуры субъекта, тогда вся человеческая история предстает *sub specie aeternitatis* – с точки зрения вечности, приобретая абсолютный смысл. Переживание этого смысла соответствует вневременности, переживанию абсолютного бытия. Каждое историческое временное событие, сколь бы ничтожным оно ни было, наделяется абсолютной значимостью, и семиотические структуры, восходя к своей самой глубинной основе, выявляют себя как выражения актуальной бесконечности основания мироздания, того первоначального Слова, которое было в Начале, и было у Бога, и было Бог (Иоанн 1,1).

Глава 6

АНТРОПНЫЙ ПРИНЦИП И МЕНТАЛЬНЫЕ СИСТЕМЫ

6.1. ЛОГОС И КУЛЬТУРА

Развитие человечества характеризуется сменой представлений об окружающем мире. Сменяются культурные системы, религии, господствующие мировоззрения. Сменяются этносы. Между тем есть ментальные системы (т.е. семиотические системы, определяющие отношение человека к миру в той или иной культуре), которые доминируют в течение весьма длительного времени и определяют стиль мышления огромного числа людей на протяжении целых столетий или даже тысячелетий. Если эти системы не преодолевают некоторые черты, придающие им характер замкнутости и конечности, они вырождаются и погибают. Этот процесс может носить катастрофический характер, но при этом он оказывает влияние на другие ментальные системы и этносы. Однако внутри культурных систем обычно имеются тенденции, позволяющие преодолевать эту их неполноту.

Существующая в определенный момент времени культурная система, если она имеет глубокие субстанциальные основания, способна развиваться, раскрывая те фундаментальные принципы, которые были выражены в первоначальных формулировках этих оснований. При этом принципы культурной системы, если они являются по своей сути потенциально бесконечными и не ограничивают сами себя (*omnis determinatio est negatio* – всякое определение есть отрицание), могут (в идеале) обеспечивать развитие культурной системы в течение длительного времени. Этносы могут сменяться, но система культуры остается, развиваясь и обновляясь. Если она позволяет дать взгляд на мир с точки зрения вечности, то ее основополагающие моменты сохраняются несмотря на утрату ряда существенных элементов, в которых они воплощены. Так, учение о Логосе Гераклита вошло в концептуальное ядро платоновской философии, а представления Христианства, наиболее обобщенно выраженные в Евангелии от Иоанна, фактически гуманизируют и персонифицируют понятие Логоса, т.е. раскрывают его как сущность Бога и человека. Вместе с тем персонификация Логоса привела к отчуждению человека от мира и к возникновению феномена европейской науки.

Эти рассуждения показывают, что единство культуры может определяться потенциально бесконечными и потому неявно (т.е. опосредованно через финитные категории, но поднимаясь над их конечностью) сформулированными исходными принципами. Так, Логос Гераклита определяется и через видимый Космос, и через психею ("психее присущ самовозрастающий логос" – определение, избегающее конечных категорий). При этом постоянно подчеркивается снятие ограниченности определений, которые могут разрушить это понятие. Иными словами, логос есть та инфинитная основа бытия, которая выражена через его семиотическую структуру. Впоследствии этот основополагающий неформальный принцип (выражение бесконечного посредством конечного) будет проявляться с разной степенью проникновения в разных философских системах, а в XX в. он четко прослеживается в трудах Л. Витгенштейна, в его "полумифологическом" стиле изложения мыслей. Опять вспомним Гераклита: "Сивилла не говорит и не скрывает, но знаками указывает", - т.е. погружение в реальность не есть простое отображение или отрицание, но создание нового образа, знака, понятия. Эти знаки могут воспроизводиться многократно, и проникновение в глубь реальности не есть создание новых формул, оно не может быть описано рекурсивно.

Говоря о единстве античной и христианской культур, отметим, что в раскрытии понятии логоса важную роль сыграли и "негативная диалектика" Парменида и Зенона, искусно разорвавших "истинный" мир покоя и "видимый" мир движения, что явилось началом конкретной финитной логики, и эйдосы Платона, ставшие знаками или символами объединения видимого (материального) и истинного (идеального), и гилеморфизм Аристотеля, и персонификация Логоса в Христианстве, означавшая начало новой культуры. Далее мы подробнее остановимся на особенностях развития европейской культуры, а сейчас обратимся к истории другой культуры – индийской.

Индийская культура – это потенциально бесконечная система, в своих глубинных основаниях единая с европейской культурой, но в ней нет позитивного акцента на персонификацию логоса, характерного для европейской культуры, начиная с 1 в. н.э. Поэтому ее развитие оказалось существенно иным: в ней не возникло той специфики отчуждения человека от мира, которая присуща Христианству, но она не привела и к возникновению естественных наук в той их форме, как это произошло в европейской культуре. С самого начала стиль мышления индийской философии (в Ведах, Упанишадах) исходил из потенциальной бесконечности реальности, не могущей быть выраженной в конкретных определениях, и из субстанциального единства души космической и души индивидуальной (Брахман тождествен Атману).

Существенные различия по сравнению с европейской культурой проявляются в буддизме, который провозгласил негативный характер персонификации ("жизнь есть страдание") и необходимость уйти от страдания через осознание неистинности персонификации. Буддизм не объясняет (никак, даже метафорически, в отличие, скажем, от сравнений Царства небесного с горчичным зерном в Евангелиях) нирвану и не ставит вопроса о существовании абсолюта. Только после "негативной" диалектики Нагарджуны абсолют предстанет как нечто невыразимое, в котором бытие и ничто совпадают (абсолют "выше" этих конечных категорий), и далее идет путь к позитивному представлению (в чем-то сходному с платоновским) в учении Веданты. Провозглашение негативности персонификации в буддийской и в целом в индийской традиции отличается от представлений о страдании в Христианстве прежде всего отсутствием необходимости анализа этой негативности. Она представляется только как результат причинности (предшествующие существовании определяют последующие

– колесо сансары). Такая негативность предстает как иллюзия, которая исчезает, когда спадает покрывало незнания, и, следовательно, весь видимый и ощущаемый мир представляется как результат незнания. Кстати, в XX в. взгляд на научную теорию с позиций обязательного условия ее фальсифицируемости (К. Поппер) приводит к представлению об обязательной ложности любой формальной теории, что может считаться некоторой аналогией изложенных выше представлений.

6.2. ОТЧУЖДЕНИЕ ЧЕЛОВЕКА ОТ МИРА В ЕВРОПЕЙСКОЙ КУЛЬТУРЕ

Обращение к исходным моментам европейской и индийской (восточной) культуры потребовалось нам, чтобы обосновать истоки появления научного мышления. По нашему мнению, научное мышление вырастает из христианской идеи персонификации логоса и, соответственно, отчуждения мира внутреннего от мира внешнего. Появляется представление о различных законах для того и для другого, и возникает разделение на гуманитарные и естественные науки, но не сразу, а после длительного периода, в ходе которого первоначальная идея еще не вышла из классических представлений античной философии.

Отчуждение человека от мира, наиболее последовательно выраженное в научном мышлении в гелиоцентрической системе Коперника и далее в представлениях о бесконечной Вселенной Бруно, подразумевало, что человек – один из бесконечного числа объектов, затерянный в безграничном пространстве. Развитие науки (через Кеплера и Галилея к системе мира, окончательно сформулированной Ньютоном) означало, что мир развивается по естественным, т.е. не зависящим от человеческой воли, законам. Человек при этом уподобляется всем остальным материальным (видимым и ощущаемым) объектам. Развитие науки, по крайней мере первоначально, шло в русле христианской (в значительной мере – протестантской) традиции – все корифеи науки этого времени были глубоко верующими людьми и их деятельность в научной области воспринималась ими прежде всего в качестве служения Богу, как погружение в область истины, носящей религиозную окраску, т.е. в качестве расширения представлений о миропорядке как следствии всемогущества Бога. В связи с этим нельзя рассматривать научные и религиозные труды Ньютона как вещи, совершенно друг с другом не связанные, напротив, они лежат в едином русле его мышления.

Однако, как это ни покажется на первый взгляд парадоксальным, именно стиль мышления, заложенный такими глубоко верующими людьми, как Коперник, Кеплер, Ньютон, привел к построению картины мира, где не оказалось места не только для Бога, но и для свободной воли человека, где все детерминируется объективными законами, которые не знают исключений.

Итак, в XVII в. сформировалась естественнонаучная картина мира. С этого времени естественнонаучное и гуманитарное знание развиваются параллельно, и хотя нельзя отрицать их взаимовлияния, все же различие естественнонаучной и гуманитарной областей, коренящееся в отчуждении человека от внешнего мира, становится на долгое время непреодолимым. При этом гуманитарные науки не имеют того субстанциального обоснования, которое характеризует естественнонаучные дисциплины, поскольку человеческая деятельность оказывается чем-то вторичным по отношению к объективным законам, господствующим в бесконечной Вселенной.

Противоречие двойственного стиля мышления, характерного для человечества на протяжении последних трех-четырех веков, отражается в концептуальных схемах естественных и гуманитарных наук. В механике Ньютона это выражается в том, что, несмотря на ее подчеркнуто объективный характер, она базируется на таких антропоцентрических понятиях, взятых из деятельности человека, как сила, энергия, действие. Антропоцентрический характер этих понятий, подробно проанализированный Дж. Беркли, следует выделить особо, поскольку даже с точки зрения обыденного смысла эти понятия относятся к одушевленным телам, а не к неживой материи. Перенос этих понятий на неживые объекты способствовал разработке универсальной картины мира, позволившей применить к миру математический язык и послужившей основой технического прогресса человечества. Однако субстанциальное обоснование истинности такого переноса отсутствует. Без ответа остается вопрос о том, как может мертвая материя обладать такими атрибутами, как сила, энергия и т.д. Очевидно, мы имеем дело только с условными обозначениями, необходимыми для систематизации элементов опыта в единую концептуальную систему.

В гуманитарном знании утвердились концепции глобального детерминизма и представления о свободе как познанном объективном законе. Это привело к попыткам рассмотреть этику с геометрических позиций, как у Спинозы, а также к механическим представлениям о сознании либо же к дуалистическим воззрениям на душу и материю как на две различные субстанции, как у Декарта.

Итак, фундаментальной чертой современной культуры, в первую очередь европейской, является разделение знания на две сферы – естественнонаучную и гуманитарную. Между ними нет прямой логической связи, это две относительно замкнутые отрасли знания, исходные принципы которых различны.

Основные попытки объединить эти сферы были предприняты философией, которая представлялась обобщенной ментальной системой, стоящей над теми и другими науками. Наиболее завершенный характер эти попытки приняли в немецкой классической философии – у Канта, Шеллинга и Гегеля. Однако эти попытки были скорее умозрительными, так как преодолевали противоречие путем противопоставления обычного способа рассуждения способу, снимающему конечные категории, путем противопоставления логики формальной логике диалектической.

При всей своей грандиозности эти усилия не были продуктивными – их развитие смогло привести только к появлению глобальных социальных теорий, несущих в себе противоречие, которое так и осталось неразрешенным – свободная воля индивидуума рассматривается только в контексте общего блага, познанных объективных законов. В этом – дань естественнонаучному ньютонианскому подходу: человеческая деятельность предстает лишь как отражение объективных законов, а проблема свободы воли преодолевается на основе "познанной необходимости". По иронии получается, что новые, "диалектические" законы оказываются новыми формальными законами. Их противопоставление закономерно в контексте европейской культуры, но не может привести к снятию противоречия объективных законов и свободной человеческой воли. Оригинальное разрешение этого противоречия имеется в философии А. Шопенгауэра, придавшего воле глобальный характер, но тем самым пришедшего к выводу об отсутствии объективной истинности у естествознания. Этот вывод был развит далее в философской системе А. Бергсона, который сформулировал весьма оригинальные эволюционные представления в биологии, достаточно интересные, но неоцененные до последнего времени большинством ученых.

Итак, антиномия разделения человека и космоса, естественнонаучного и гуманитарного знания, свободной воли и объективного закона до последнего времени не была преодолена в современной культуре. Такое разделение все более углублялось и обострялось, и мы в итоге пришли к представлению о том, что, с одной стороны, объективные законы определяют всё, а с другой – что воля одного человека может привести к уничтожению всей планеты, даже путем "случайного нажатия кнопки". Преодоление этой антиномии и есть главное в развитии европейской культуры. Ментальная система не может долго оставаться системой финитных категорий. Она или развивается, или приходит к собственному уничтожению. Ей должен быть присущ гераклитовский "самовозрастающий логос" как основной закон (в неформальном смысле) ее бытия.

В системе культуры XX в. наметились глубинные тенденции к преодолению указанного противопоставления. Во всяком случае, противостояние сменилось большей диалогичностью, и этот диалог есть уже сам по себе исходный пункт синтеза. Причем синтез может быть достигнут как глубинное осознание исходных принципов такого диалога, а не как глобальная формальная концепция.

6.3. БИОЛОГИЯ И ЕДИНСТВО ГУМАНИТАРНОГО И ЕСТЕСТВЕННОНАУЧНОГО

Развитие естествознания привело в XX в. к осознанию неполноты систем, базирующихся на отсутствии влияния человека на формирование картины объективного мира. Эйнштейновская концепция спасла ньютоновскую методологию от разрушения ценой отказа от представлений об абсолютном пространстве-времени, но взгляды Эйнштейна оказались в противоречии с представлениями квантовой механики, обосновавшими относительность получаемой картины мира к наблюдателю (или, более мягко, – к средствам измерения).

Развитие представлений квантовой механики привело к осмыслению антропного принципа. Оказалось, что многие параметры и константы Вселенной могут иметь лишь то обоснование, что только при их существующих значениях во Вселенной могла зародиться жизнь, и, следовательно, Вселенная была бы наблюдаемой, а значит, и существующей. Ставится вопрос, является ли эта Вселенная результатом "отбора" из многих возможных вселенных в соответствии с антропным принципом или же для объяснения ее существования достаточен "принцип целесообразности"? Дело обстоит, как в биологии (в теории эволюции). Думается, что в указанной дилемме выбор из двух возможных ответов является произвольным и лишенным оснований. Иной вариант ответа состоит в том, что существующие значения констант являются единственно возможными решениями единой глобальной теории поля (программа Гейзенберга), но это не представляется возможным. Поэтому единственным обоснованием, что мы живем в "такой" Вселенной, является антропный принцип (Игамбердиев, 1991а).

В квантовой механике мы имеем дело не с жестко фиксированной схемой объективной реальности, а с полем потенциальных возможностей, которое подвергается редукции в ходе нашего наблюдения. Причем редукции подвергается не только та микросистема, которая наблюдается, но и объекты, которые ранее были связаны с ней в ходе взаимодействий, составляя единую систему. Таким образом, оказалось, что акт наблюдения не отражает, а, скорее, формирует картину мира. И поэтому естественно, что константы этого мира соответствуют наличию в нем жизни. Вновь стал центральным вопрос о статусе объективной реальности. Она оказалась (в физике) лишенной внутреннего обоснования. Это выразил еще А. Эддингтон словами о том, что физики, найдя на берегу моря таинственный след, долго изучали его и, наконец, обнаружили, что этот след их собственный.

Реальность оказалась зависимой от способа наблюдения, и редукция потенциальных возможностей при взаимодействии микрообъекта с прибором не получила физического обоснования. Она произвольна в той же мере, в какой произвольна связь слова и обозначаемой им вещи. Физическая реальность приобрела знаковый характер. Открытые ранее физические законы явились как бы текстом, ограничивающим толкование новых наблюдений, но не имеющим внутреннего обоснования своей истинности. Мир вне субъекта оказался чем-то эфемерным, не поддающимся тому, чтобы его "схватить прочно". Это отражено в двух афоризмах Л. Витгенштейна: "То, что Солнце завтра взойдет, – гипотеза, а это значит, что мы не знаем, взойдет ли оно" и "Все, что мы видим, может быть также и другим" (Витгенштейн, 1958).

Когда люди, создавая язык, придумывали слова, это было актом свободного творчества, которое не поддается детерминистическому описанию. То же можно сказать о процессе придумывания новых метафор поэтом. Парадоксально, но в XX в. мы приходим к выводу, что внешняя реальность тоже в некотором смысле произвольна, и ее существование таковой, как она есть, обосновывается наличием в ней жизни, а не наоборот. "Жизнь есть питание, рост и упадок тела, имеющие основание в нем самом", – говорил Аристотель. Механическая физика способна описать питание, рост и упадок тела, но не способна понять, что это имеет "основание в нем самом"; однако исходя из этого "основания в нем самом" оказывается возможным объяснение многих физических параметров вплоть до гравитационной постоянной (антропный принцип).

Апелляция к антропному принципу означает, что сама физика начинает осознавать невозможность ее обоснования в собственных рамках: такие понятия, как несиловое взаимодействие, квантово-механическая редукция, спонтанное нарушение симметрии как бы "выпадают" из физического детерминизма, и разработка единой теории поля ставит такую же недостижимую цель, как и программа Гильберта. Единство мира может быть восстановлено при условии, если рассматривать совокупность, включающую в себя физический мир, теоретический конструкт, его описывающий, и познающего субъекта. Это совокупность соответствует семиотической триаде Пирса, состоящей из объекта, знака и интерпретанты.

Даже чисто феноменологические примеры показывают, что физика более "вырождена", чем биология. Так, симметрия кристаллов оказывается частным случаем симметрии биологических объектов, а криволинейный неевклидовый характер форм живого мира упрощается в неживой природе до евклидовых закономерностей (Петухов, 1988). Физический мир при таком рассмотрении является как бы частным случаем биологического, но не тривиально, а в таком же смысле, как описание квантово-механического прибора не включается в описание микросистемы при физическом рассмотрении. Биология имеет предметом процесс, аналогичный именно актуализации микросистемы при ее взаимодействии с прибором: при функционировании биосистем происходит проецирование из пространства потенциальных возможностей в область действительных значений, что имеет аналогию в квантово-механическом измерении. Понятийный аппарат современной логики способен адекватно описать данный процесс. При этом оказывается очевидным, что теоретическая биология имеет метатеоретический характер в сравнении с физическими теориями, и элементарные логические конструкции, описывающие включение биологических систем в физический мир, должны обладать развернутой внутренней структурой, каковой обладают топосы. Биологические системы при их возникновении "теоретизируют" мир неорганики, и именно эта теоретизация должна стать предметом научного описания.

Жизнь, не поддающаяся обоснованию объектными отношениями физического мира, но сама обосновывающая их существование в соответствии с антропным принципом, имеет черты, восходящие к принципу произвольности знака. Основой функционирования целостной биологический системы являются генетический код и знаковые системы других уровней. Следствием этих отношений являются существующие биологические виды и формы. Однако сами по себе данные отношения не имеют внутреннего обоснования. Генетический код универсален, но соотношение кодонов и аминокислот "могло бы быть также и другим". Итак, в произвольности знака мы имеем отпечаток свободного выбора, происшедшего "когда-то", а характеристики видимого нами мира несут на себе отпечаток этой свободы.

Незыблемость веры в единый детерминистический объективный закон природы была наиболее глубоко поколеблена в области оснований математики. Оказалось, что и математика, дающая общие формы описания физического мира, не имеет основания в себе самой. Попытки обосновать математику финитными средствами через установление непротиворечивости ее формальной системы (программа Гильберта) или через ее отождествление с логикой (программа Рассела-Уайтхеда) привели к неразрешимым противоречиям. Оказалось, что в любой формальной системе имеются высказывания, не доказуемые и не опровергаемые в рамках данной системы, и необходимо выйти на новый уровень описания для их обоснования (теорема Геделя). Для обоснования финитности требуется трансфинитный аргумент, и, следовательно, выход за пределы формального языка данной системы, по сути дела, есть процесс индетерминистический. Создание новой формулы в формализованном исчислении есть творческий акт, который не может быть описан на языке данного исчисления. Расширение знаковой системы, таким образом, заложено в ней только как возможность, но не как однозначная детерминация. Эта возможность реализуется как акт свободного выбора субъекта. Разумеется, существующий языковой континуум ограничивает возможности создания новых знаковых отношений, но он не задает их однозначно.

Каково же при этом отношение знаковых систем к реальности, если они не имеют внутреннего обоснования? Они должны как-то "показать" (Л. Витгенштейн) свое отношение к реальности, которая, как уже было сказано, не структурирована до ее измерения, т.е. до того, как она поставлена в соответствие знаковым системам. Здесь вступает в силу принцип фальсификации К. Поппера. Формализованные системы, взаимодействуя (разумеется, опосредованно через субъектов), фальсифицируют друг друга, причем выживают только определенные из них и в этом их относительная истинность. Подобная эволюция показана К. Поппером на примере науки, а в органическом мире она выражена в идее борьбы за существование.

Нет ли и в развитии гуманитарных наук некоторых моментов, которые позволяют говорить о сближении оснований картин мира в естественных и гуманитарных науках? В естественных науках основой для такого сближения является, очевидно, антропный принцип и отказ от объективного детерминизма в пользу некоторой произвольности объектных отношений. В гуманитарных науках к этому приводит развитие лингвистики, и в первую очередь принцип произвольности знака, сформулированный Ф. де Соссюром. Этот принцип пронизывает все здание современной лингвистики. Дальнейшим его развитием явилась концепции Сепира – Уорфа о том, что расчленение объектной реальности "так, а не по-другому" детерминировано структурой языка, а не самой реальностью.

Можно ли считать этот принцип универсальным? Видимо, можно, учитывая, что расчлененность реальности до ее описания в языке существует лишь условно, и что эта расчлененность есть следствие действия языков более низкого уровня (начиная, наверное, с генетического кода).

Отсюда вытекает одно очень важное следствие. Если реальность может быть расчленена различными способами, то взаимоотношения (языковых культур) с необходимостью строятся по принципу полифонизма. Иными словами, имеется много "окон", из которых можно увидеть различные картины мироздания.

Каждая из этих картин является "дополнительной" к другой картине (об этом в плане взаимодействия культур народов говорил Н. Бор), а вообще таких картин может быть сколь угодно много. И здесь нельзя говорить о предпочтительности одной картины перед другой в том смысле, что истинность не может быть выражена верификацией в отношении к некоторой косной реальности. Вместе с тем нельзя говорить и о том, что все эти картины истинны. Но их истинность проявляется не через верификацию, а через диалог. Если рассматривать только формальные системы, то этот диалог превращается в фальсификацию. Парадоксально, но нефальсифицируемость формальной системы не есть свидетельство ее могущества в описании мира, а есть признак ее беспомощности. Система теряет четко очерченные понятия и дефиниции, которые в принципе можно трактовать как угодно. Многие первоначально строго оформленные теоретические системы вырождались в такого рода нефальсифицируемые конгломераты, что приводило к гибели теории. Единственной возможностью возрождения является наличие в ней "выхода в бесконечность", т.е. снятие конечными категориями своей ограниченности. Это принципиально иной аспект, в отличие от нефальсифицируемости в предшествующем смысле. Категория отрицает свою фальсифицируемость через выход на другой уровень, когда она может "посмотреть на себя".

Для понимания единства современной культуры можно осознать тот факт, что гуманитарные и естественнонаучные знания дают различные картины одной и той же реальности. Естественнонаучное знание имеет предметом объективированную часть этой реальности, которую можно описать финитными средствами с помощью формальной логики. Гуманитарное знание имеет предметом сам процесс формирования объективированной реальности, т.е. субъективную деятельность. В конечном итоге предметом оказывается одно и то же, только в разных срезах. Картины оказываются дополняющими, но не взаимоисключающими.

Где же тогда проходит разграничение естественнонаучного и гуманитарного знания? Оно – в самых различных сферах: там, где естественнонаучное знание приходит к пониманию своей конечности, или там, где гуманитарное знание, раскрыв принцип творческого построения, оставляет объект как внешнюю данность. Так, в математике теоремы Геделя, раскрывая неполноту любой формальной системы и обнаруживая необходимость трансфинитного аргумента для их обоснования, очерчивают границы системы естественнонаучного знания (Антипенко, 1986). Интуиционистская математика, описывая ход математического построения и отказываясь от закона исключенного третьего, по существу уже выходит за рамки естествознания. Ее предметом является само формирование математических конструкций, и здесь она соприкасается с теорией порождающих грамматик Хомского. Что касается физики, то здесь пограничной областью оказывается квантово-механическая теория измерения. Формулируя вывод, что формирование представления опосредуется деятельностью наблюдателя, т.е. что представление не имеет основания в себе самом, квантовомеханическая теория измерения очерчивает границу физики как естественнонаучной дисциплины.

Особой пограничной областью является биология. Как уже было сказано, естественнонаучный подход в биологии дает способ описания "питания, роста и упадка тела", но не дает реального представления о том, что они "имеют основание в себе самом". В двойственности биологии, ее антиномичности (в смысле старой антиномии "тело-душа") и состоит трудность оформления ее как теоретической науки. Такое оформление оказывается возможным только при осознании этой антиномичности. Подобное осознание присутствует в классической книге А. Бергсона "Творческая эволюция". Поскольку существенным аспектом биологической реальности является семиотический, а генетический код – наиболее элементарная лингвистическая биологическая система – построен в соответствии с принципом произвольности знака, то оформление биологии в качестве теоретической дисциплины не может происходить так, как формируется теория в физике. Оно возможно, скорее, по принципу формирования теоретических гуманитарных дисциплин.

6.4. ВНУТРЕННИЙ ПОЛИФОНИЗМ МЕНТАЛЬНОЙ СИСТЕМЫ

Что такое культура? Ее можно определить как способ формирования картины мира в соответствии с определенным языком. Сразу же отметим, что язык, рассматриваемый как инструмент объективации культуры, подразумевает создание некоторого множества картин, но более узкого, чем множество картин разных культур. Таким образом, полифоничностью характеризуется не только взаимоотношение культур, но и сама культура "внутри себя". Эта мысль была высказана М.М. Бахтиным при анализе творчества Достоевского. Культура есть способ формирования картины мира, но этот способ подразумевает возможность существования различных точек зрения. Полифонизм этих точек зрения и формирует ментальную систему, лежащую в основе той или иной культуры. Через него и раскрывается "инфинитность" ее глубинных принципов.

Гераклитовский "самовозрастающий Логос" занимает центральное место в концепции культуры Ю.М. Лотмана (1992). Ментальная система культуры, рассматриваемая как коллективный интеллект, является пространством порождения текстов. Она обеспечивает лавинообразное самовозрастание смыслов, причем имеет место спонтанное генерирование новых текстов, обусловленное неполной запрограммированностью их генерации. В смыслообразовании, по Лотману, участвуют две не полностью переводимые друг в друга системы кодирования, и это придает трансформациям текста непредсказуемый характер. На таком рода диалоге строится отношение "западной" и "восточной" культур, что порождает тексты, новые для обеих культур. Диалог гуманитарной и естественнонаучной составляющих современной культуры также ведет к открытию новых смыслов, которые, будучи семиотически закреплены в соответствующих текстах, составят основу субстанциального осознания культурой самой себя *sub specie aeternitatis*. То, что биологические системы в их функционировании также обычно построены на диалоге двух или многих текстов, описывающих одну реальность, т.е. на семиотической избыточности (характерный пример: двуполушарная работа мозга), подтверждает универсальность принципа семиотического диалога, обусловливающего расширение семиотической системы через порождение новых смыслов. Принцип диалогичности (в общем случае полифоничности) культуры, выдвинутый М.М. Бахтиным и далее развитый Ю.М. Лотманом, есть та основа семиотического напряжения ("внутренней энергии") ментальной системы, которая обусловливает возможность ее эволюции. Глубинное единство семантических и кинематических парадоксов может рассматриваться в качестве формального основания такого диалога.

Итак, мы подошли к проблеме развития культуры, которая определяется особенностями ментальной системы, лежащей в ее основе. Культура в своем существовании не является чем-то застывшим. Она развивается, переживая подъем, упадок, а по истечении времени и вовсе может погибнуть в результате внутренних процессов или под влиянием внешних воздействий. То же касается и носителя культуры – этноса, и ее каркаса – языка. Погибнув, культура может определить развитие последующих культур. Это происходит почти всегда, и единая общечеловеческая культурная система "вбирает" в себя то, что достигнуто ранее.

Развитие культуры обусловлено тем, что ее субстанциальные принципы, определяя появление и развитие конкретных элементов, сами конкретизируются и утрачивают свою обращенность к трансфинитной сфере, становясь такими же конкретными ограниченными категориями, как и остальные.

В данном случае это потенциально *negatio* всей культуры, поскольку, как уже было сказано, культура может существовать только в качестве потенциально бесконечной (т.е. "неисчерпаемой") системы. Поэтому утрата фундаментальными категориями их бесконечного содержания есть, с одной стороны, разворачивание вширь, но с другой – начало закостенения, "старения" культуры. Эта мысль выражена в китайской философии так: все молодое является хрупким, неоформленным, а старое – твердым и косным. Может ли старение смениться омоложением? Может, если имеются какие-то иные варианты материализации исходных принципов культуры, иные способы раскрытия их содержания. Если же исходные принципы являлись ограниченными, то имеется и конечное число картин, формируемых на основе этих принципов. Картины исчерпывают себя, и культурная система погибает. В лучшем случае это может послужить уроком для дальнейшего развития человечества.

Если же основания ментальной системы культуры имеют потенциальную возможность выхода в бесконечность, т.е. являются трансфинитными, то возникают не только несколько направлений сразу (которые, кстати, могут находиться в разных отношениях – как непримиримой вражды, так и "мирного сосуществования"), но и происходит смена различных картин во времени. Этой смене предшествует сильное "расшатывание" основ культуры, причем критике подвергаются не только конкретные принципы, но и фундаментальные основания. В такие периоды в рамках данной культуры развивается смеховая субкультура, увеличивающая энтропию системы и генерирующая возможность появления новых путей развития. В критические периоды значение смеховой культуры может быть очень велико (М.М. Бахтин).

Принцип полифонизма в культуре имеет решающее значение для ее выживания и возрождения. Если субстанциальные основания культуры, являясь потенциально бесконечными, выдерживают "осмеяние" со стороны смеховой субкультуры, то культура возрождается, в ином случае смеховая субкультура есть конечный этап развития определенной культуры.

В соответствии с антропным принципом картина объективной реальности, фиксируемая сознанием, не является ни простой копией некоей косной, заранее заданной и независимо существующей в своей структурированности субстанции, ни плодом свободного воображения индивидуального субъекта. Мир не "фотографируется" сознанием, но и не конструируется абсолютно свободно. Л. Витгенштейн прав, говоря, что "все, что мы видим, может быть также и другим", но то, что мир именно таков, каким мы его видим, обусловлено нашей погруженностью в данную культурную систему, определяющую (или задающую) способ членения некоторой субстанции и выделения из нее индивидуальных компонентов. Картина мира, какой мы ее видим, является результатом закрепления (и кодификации) бифуркаций, имевших место ранее, т.е. до появления данного индивидуального сознании. Иными словами, картина мира определена исторически, и то, что она сходна в разных культурных системах, определяется только тем, что все мы имеем (до определенной степени) общую историю. Чем ближе ментальные системы культур, тем более сходные взгляды на мир они формируют, но даже у разных цивилизаций, живущих в различных уголках Вселенной, структуры исторического развития неизбежно соприкасаются через общую раннюю историю, определившую некоторые начальные бифуркации после возникновения Вселенной. В этом смысле мир един, и между различными культурными системами возможно понимание (разумеется, до определенного предела), базирующееся только на осознании дополнительности различных картин. Развиваемый взгляд приводит нас к представлению о том, что никакая картина не может быть завершенной, и ее развитие есть свободное творчество, основанное на ассимиляции представлений, выработанных к данному моменту (наподобие трансфинитного конструирования новых формул в математике). Если культурная система не имеет тенденции к замыканию и к ограничению в пределах финитных категорий, то она способна к развитию на основе осмысления себя *sub specie aeternitatis*. Если же тенденция к замыканию имеется, то она может быть преодолена путем внутренней хаотизации, после которой усиливается генерация бифуркаций. Если же процесс замыкания и окостенения заходит слишком далеко и трансцендентные основания ментальной системы не выражены ясно или утрачиваются, то хаотизация может привести к гибели данной культуры. Конечно, все сказанное не имеет абсолютного характера, и нельзя говорить о какой-либо ментальной системе обособленно (каждая культура и ее ментальная система является частью более общей культурной системы, и ее гибель может представлять элемент развития более глобальной культурной системы).

Итак, что же такое объективная реальность? В соответствии со сказанным картина объективной реальности есть структура, кодифицированная в системе культуры, которая указывает на возможность определенного поведения для всех элементов этой системы. Элемент объективной реальности есть знак, определяющий отношения субъектов между собой и с другими элементами. В процессе развития ментальной системы культуры он может приобретать новые значения. Его объективность связана с тем, что он является общим для различных индивидуальных сознаний, составляющих данную культурную систему.

Еще один вывод из сказанного: объективная реальность не есть абсолютная реальность. Абсолютная реальность в конечном итоге невыразима, но именно она определяет возможность появления и развития культуры, без нее культурная система не может быть внутренне устойчивой.

Абсолютная реальность действительно "подобна зерну горчичному... которое хотя меньше всех семян, но когда вырастет, бывает больше всех злаков и становится деревом, так что пролетают птицы небесные и укрываются в ветвях его" (Матф. 13, 31-32). Система же культуры есть матрица, дающая возможность прорасти этому зерну и дать (или не дать) плод: "во сто крат, в шестьдесят или в тридцать" (Матф. 13, 8).

***

Проведенный анализ свидетельствует о том, что мир человека и мир внешний не есть нечто чуждое друг другу и что и тот и другой являются различными сторонами единой семиотической системы. В системе человеческого знания, бесконечной в своей сущности, осознание подлинного и значительного места Человека во Вселенной возможно благодаря пониманию феномена жизни, который не может быть просто вторичным по отношению к физическому миру, но который сам определяет существенные его параметры. В этой связи биологии принадлежит весьма важное место в системе человеческого знания, так как эта наука описывает мир, который граничит как с физическим, так и с психическим, и именно в котором закладываются основы семиотических структур, обусловливающих познание мира в целом и его глубинных основ.

СПИСОК ЛИТЕРАТУРЫ

Абрашин Е.В. Возможное объяснение феномена макроскопических флуктуаций // Биофизика. 1985. Т. 30. N 1. С. 40-43.

Акчурин И.А. Концептуальные категории как средство анализа понятийных систем // Естествознание: системность и динамика (методологические очерки). М.: Наука, 1990. С. 48-54.

Анисов А.М. Время и компьютер. Негеометрический образ времени. М.: Наука, 1991. 152 с.

Антипенко Л.Г. Проблема неполноты теории и ее гносеологическое значение. М.: Наука, 1986. 224 с.

Антипенко Л.Г. О воображаемой вселенной Павла Флоренского // Флоренский П.А. Мнимости в геометрии. М.: Лазурь, 1991. С. 69-95.

Аристотель. Сочинения. Т. 1-4. М.: Наука, 1975-1984.

Баблоянц А. Молекулы, динамика и жизнь. М.: Мир, 1990. 373 с.

Бауэр Э.С. Теоретическая биология. М.-Л.: ВИЭМ, 1935. 206 С.

Башляр Г. Новый рационализм. М.: Прогресс, 1987. 376 с.

Белинцев Б.Н. Физические основы биологического формообразования. М.: Наука, 1991. 256 с.

Белоусов Л.В. Биологический морфогенез. М.: Изд-во МГУ, 1987. 238 с.

Белоусов Л.В. О возникновении новизны в эволюции и онтогенезе // Журн. общ. биологии. 1990. Т. 51. N 1. С. 107-115.

Белоусов Л.В. Целостные и структурно-динамические подходы к онтогенезу // Журн. общ. биологии. 1979. Т. 40. Вып. 4. С. 514-529.

Белоусов Л.В., Чернавский Д.С., Соляник Г.И. Приложения синергетики к онтогенезу (о параметрическом управлении развитием) // Онтогенез. 1985. Т. 16. N 3. С. 213-228.

Берг Л.С. Труды по теории эволюции. Л.: Наука, 1977. 388 с.

Бергсон А. Творческая эволюция. М.: Книгоиздат. "Сотрудничество", 1909. 320 с.

Блюменфельд Л.А. Проблемы биологической физики. М.: Наука, 1977. 336 с.

Брагинский В.Б., Воронцов Ю.И. Квантово-механические ограничения в макроскопических экспериментах и современная экспериментальная техника // Успехи физ. наук. 1974. Т. 114. N 41. С. 41-53.

Брагинский В.Б., Митрофанов В.П., Панов В.И. Системы с малой диссипацией. М.: Наука, 1981. 144 с.

Вернадский В.И. Философские мысли натуралиста. М.: Наука, 1988. 520 с.

Витгенштейн Л. Логико-философский трактат. М.: ИЛ, 1958. 140 с.

Гегель Г.В. Энциклопедия философских наук. Т.3. Философия духа. М.: Наука, 1977. 472 с.

Голдблатт Р. Топосы. Категорный анализ логики. М.: Мир, 1983. 488 с.

Григоров Л.Н., Полякова М.С., Чернавский Д.С. Модельное исследование триггерной системы и процесс дифференциации // Молекулярная биология. 1967. Т. 1. Вып. 3. С. 410-418.

Гудвин Б. Временная организация клетки. М.: ИЛ, 1966. 256 с.

Гудвин Б. Аналитическая физиология клеток и развивающихся организмов. М.: Мир, 1979. 288 с.

Гурвич А.Г. Избранные труды. М.: Медицина, 1977. 352 с.

Гурвич А., Гурвич Л. Введение в изучение митогенеза. М.: Изд-во АМН СССР, 1948. 120 с.

Гуссерль Э. Идеи к чистой феноменологии. М.: Лабиринт, 1994. 110 с.

Девятков Н.Д., Диденко Н.Л., Зеленцев В.И., Горбунов В. В. Медленнорелаксирующие конформационные флуктуации в белковых молекулах // ДАН СССР. 1987. Т. 293. N 2. С. 469-472.

Дриш Г. Витализм: Его история и система. М.: Наука, 1915. 279 с.

Жакоб Ф. Лингвистическая модель в биологии // Вопросы языкознания. 1992. N 2, С. 135-141.

Жвирблис В. Е. Рождение формы // Химия и жизнь. 1993. N 8. С. 42-49.

Зотин А.И. Биоэнергетическая направленность эволюционного прогресса организмов // Термодинамика и регуляция биологических процессов. М.: Наука, 1984. С. 269-274.

Игамбердиев А.У. Время в биологических системах // Журн. общ. биологии. 1985. Т. 46. N 4. С. 471-482.

Игамбердиев А.У. Проблемы описания эпигенетических систем // Журн. общ. биологии. 1986. Т. 47. N 5. С. 592-600.

Игамбердиев А.У. Фотодыхание и биохимическая эволюция растений // Успехи соврем. биологии. 1988. Т. 105. N 3. С. 488-504.

Игамбердиев А. У. Микротельца в метаболизме растений. Воронеж: Изд-во ВГУ, 1990. 148 с.

Игамбердиев А.У. Антропный принцип и единство гуманитарного и естественнонаучного // Alma mater. Вестник высшей школы. 1991a. N 8. С. 57-68.

Игамбердиев А.У. Устойчивость и трансформация биосистем: физические основания и логическая интерпретация // Журнал общей биологии. 1991b. Т. 52. N 5. С. 673-690.

Игамбердиев А.У. Закономерности метаболических трансформаций и порождение пространственно-временной организации биосистем // Журнал общей биологии. 1992. Т. 53. N 4. С. 521-541.

Игамбердиев А. У. О логическом анализе становления и времени в биологии // Известия РАН. Серия биологическая. 1993. N 5. С. 786-788.

Карпенко А.С. Фатализм и случайность будущего: Логический анализ. М.: Наука, 1990. 214 с.

Кобозев Н.И. Исследования в области термодинамики процессов информации и мышления. М.: Изд-во МГУ, 1971. 195 с.

Козырев Н.А. Причинная механика и возможности экспериментальных исследований свойств времени // История и методология естественных наук. - Вып. 27. Физика. М.: МГУ, 1963. С. 95-111.

Кондрашова М.Н. Взаимодействие процессов переаминирования и окисления карбоновых кислот при разных функциональных состояниях ткани. // Биохимия. 1991. Т. 56. Вып. 3. С. 388-405.

Корочкин Л.И. О путях логического анализа индивидуального развития // Математическая биология развития. М.: Наука, 1982. С. 224-231.

Кошланд Д.Е. мл. Регуляция ферментативной активности и путей метаболизма // Перспективы биохимических исследований. М.: Мир, 1987. С. 82-91.

Леви-Строс К. Структурная антропология. М.: Прогресс, 1985. 536 с.

Левич А. П. Основные задачи "Теоретической биологии" Э.С. Бауэра: Поиск путей к теории обобщенного движения и источников неравновесности живой материи // Эрвин Бауэр и теоретическая биология (к 100-летию со дня рождения). Пущино: ОНТИ, 1992. С. 91-101.

Лоренц К. Агрессия. Москва: Прогресс, 1994. 272 с.

Лотман Ю. М. Избранные статьи. Таллинн : Александра, 1992.

Мамардашвили М.К. Классический и неклассический идеалы рациональности. М.: Лабиринт, 1994. 90 с.

Мейен С.В. Флорогенез и эволюция растений // Природа. 1986. N 11. С. 47-57.

Мейен С.В. География макроэволюции у высших растений // Журн. общ. биологии. 1987. Т. 48. N 3. С. 291-309.

Меклер Л.Б., Идлис Р.Г. Общий стереохимический генетический код – путь к биотехнологии и универсальной медицине XXI века уже сегодня // Природа. 1993. N 5. С. 28-63.

Менский Н.Б. Группа путей: измерения, поля, частицы. М.: Наука, 1983. 320 с.

Михайлов А.Т. "Морфогены": экспериментальная иллюзия или реальность? // Онтогенез. 1984. Т. 15. N 6. С. 563-584.

Морозов Л.Л. Поможет ли физика понять, как возникла жизнь // Природа. 1984. N 12. С. 35-48.

Нагель Э., Ньюмен Д. Теорема Геделя. М.: Знание, 1970. 64 с.

Налимов В.В. Вероятностная модель языка. М.: Наука, 1979. 304 с.

Наумиди И.И., Белоусов Л.В. О клеточных механизмах определения длины сомита у птиц // Онтогенез. 1981. Т. 12. Вып. 2. С. 154-160.

Патти Г. Физическая основа кодирования и надежность // Н а пути к теоретической биологии. Т. 1. Пролегомены. М.: Мир, 1970. С. 71-91.

Петухов С.В. Циклические группы нелинейных автоморфизмов в биоструктурах и теория цикломерии // Теоретические и математические аспекты морфогенеза. М.: Наука, 1986. С. 218-224.

Петухов С.В. Высшие симметрии, преобразования и инварианты в биологических объектах // Система, симметрия, гармония. М.: Мысль, 1988. С. 260-280.

Петухов С.В. Биомеханика , бионика и симметрия. М.: Наука, 1981. 240 с.

Пиаже Ж. Теория Пиаже // История зарубежной психологии. Тексты. М.: Изд-во МГУ, 1986. С. 232-292.

Поппер К.Р. Логика и рост научного знания. М.: Прогресс, 1983. 605 с.

Преснов Е.В., Исаева В.В. Перестройки топологии при морфогенезе. М.: Наука, 1985. 192 с.

Пригожин И. Время, структура и флуктуации // Успехи физ. наук. 1980. Т. 131. N 2. С. 185- 207.

Пригожин И. От существующего к возникающему. М.: Наука, 1985. 328 с.

Пуанкаре А. О науке. М.: Наука, 1983.

Рашевский Н. Математические основы общей биологии // Математическое моделирование жизненных процессов. М., 1968. С. 271-282.

Рипецкий Р. Т. Экспериментальный апомиксис у мхов и проблема устойчивости детерминированного и дифференцированного состояний // Онтогенез. 1985. Т. 16. N 3. С. 229-241.

Розен Р. Принцип оптимальности в биологии. М.: Изд-во иностр. лит., 1965. 215 с.

Розен Р. Порядок и беспорядок в биологических регулирующих системах // Термодинамика и регуляция биологических процессов. М.: Наука, 1984. С. 120-125.

Селье Г. На уровне целого организма. М.: Наука, 1972. 122 с.

Сельков Е.Е. Анализ иерархической организации полиферментных систем // Методологические и теоретические проблемы биофизики. М.: Наука, 1987. С. 86-95.

Сокулер З.А. Проблема обоснования знания: Гносеологические концепции Л. Витгенштейна и К. Поппера. М.: Наука, 1988. 177 с.

Стюарт Дж. Возвращаясь к символической модели: нерепрезентативная модель природы языка // Знаковые системы в социальных и когнитивных процессах. Новосибирск: Наука, 1990. С.84-111.

Трубникова О.Б., Белоусов Л.В. Пространственно-временная организация пролиферативной активности в раннем развитии травяной лягушки // Онтогенез. 1981. Т. 12. Вып. 6. С. 622-628.

Уайтхед А.Н. Избранные работы по философии. М.: Прогресс, 1990. 718 с.

Уоддингтон К.Х. Основные биологические концепции // На пути к теоретической биологии. Т.1. Пролегомены. М.: Мир, 1970. С. 11-38.

Урманцев Ю.А. Эволюционика. Пущино: НЦБИ, 1988.79 с. Флоренский П.А. Мнимости в геометрии. М : Лазурь, 1991. С. 69-95. Фрейд З. Введение в психоанализ. Лекции. М.: Наука, 1991. 456 с.

Фромм Э. Психоанализ и религия // Сумерки богов. М.: ИПЛ, 1990. С. 143-221.

Хокинг С. От большого взрыва до черных дыр. Краткая история времени. М.: Мир, 1990. 168 с.

Цехмистро И.З. Поиски квантовой концепции физических оснований сознания. Харьков: Вища школа, 1981. 176 с.

Шимони А. Реальность квантового мира // В мире науки. 1988. N 3. С. 22-30.

Шмальгаузен И.И. Организм как целое в индивидуальном и историческом развитии: Избр. труды. М.: Наука, 1982. 384 с.

Шноль С.Э. Физико-химические факторы биологической эволюции. М.: Наука, 1979. 264 с.

Шноль С.Э. Макроскопические флуктуации с дискретным распределением амплитуд в процессах различной физической природы // Общие проблемы физико-химической биологии. М.: ВИНИТИ, 1985. Т. 5. С. 130-200.

Шорников Б.С. О некоторых проблемах эволюции и математической биологии // Системность и эволюция. М.: Наука, 1984. С. 82-91.

Шрейдер Ю.А., Шаров А.А. Системы и модели. М.: Радио и связь, 1982. 152 с.

Эйген М., Шустер Л. Гиперцикл: Принципы естественной самоорганизации. М.: Мир, 1982. 270 с. Эшби У.Р. Принципы самоорганизации // Принципы самоорганизации. М.: Мир, 1966. С. 314-343. Юнг К.Ф. Архетип и символ. М.: Renaissance, 1991. 258 с.

Якобсон Р. Лингвистика в ее отношении к другим наукам // Избр. работы. М., 1985. С. 387-404.

Backmann G. Wachstum und organische Zeit. Lpz., 1943.

Barham J. A Poincarean approach to evolutionary epistemology // J. Soc. and Biol. Structures. 1993. Vol. 13. P. 193-258.

Beloussov L V. Dynamic levels in developing systems // Dynamic Structures in Biology. Edinbourgh Univ. Press, 1989. P. 121-130.

Blumenfeld L.A. Physics of bioenergetic processes. B.: Springer, 1983. 132 p.

Braginsky V.B., Vorontsov Yu.L, Thorne K.S. Quantum nondemolition measurements // Science. 1980. Vol. 209. P. 547-557.

Brown K.G., Erfurth S.C., Small S.W., Peticolas W.L. Oscillations of enzyme molecules // Proc. Nat. Acad. Sci. USA. 1972. Vol. 69. No 3. P.1469-1470.

Comorosan S. Biological observables // Progress in theoretical biology. N.-Y.: Acad. Press, 1976, Vol.4. P.161-205.

Dicke R.H. Quantum measurements, sequential and latent // Found. Phys.1989. Vol.19. No 4. P.385-395.

Eccles J.C. Do mental events cause neural events analogously to the probability fields of quantum mechanics? // Proc. R. Soc. Lond. 1986. Vol. 227. P. 411-428.

Elsasser W. The other side of molecular biology // J. Theor. Biol. 1982. Vol. 96. No 4. P. 67-76.

Freundlich Y. Two views of an objective quantum theory // Found. Phys. 1977. Vol. 7. No 3-4. P.279-300.

Fröhlich H., Kremer F. Coherent excitations in biological system. N.-Y.: Springer, 1983. 216 p.

Gemmrich A.R. Antheridiogenesis in the fern *Pteris vittata* // J. Plant Physiol. 1986. Vol.125. No 2. P.157-166.

Goodwin B.C. Development and evolution // J. Theor. Biol. 1982. Vol.97. No 1. P.43-55.

Gottlieb O.R. The role of oxygen in phytochemical evolution towards diversity // Phytochemistry. 1989. Vol.28. P.2545-2558.

Gray B.E., Gonda I. The sliding filament model of muscle contraction // J. Theor. Biol. 1977. Vol. 69. No 1. P.167-230.

Green D.E., Vande Zande H.D. Universal energy principle of biological systems and the unity of bioenergetics // Proc. Nat. Acad. Sci. USA. 1981. Vol. 78. No 9. P. 5344-5347.

Hao Wang. From mathematics to philosophy. L.: Routledge and Kegan, 1974. 428 p.

Heinrich R., Rapoport T.A. A linear steady-state treatment of enzymatic chains // Eur. J. Biochem. 1974. Vol. 42. N 1. P. 89-105.

Holtfreter J. Regionale Induktionen in xenoplastisch zusammengesetzten Explantaten // W. Roux'Arch. Entwicklungsmech. Organismen. 1936. B. 134. S. 466-550.

Igamberdiev A.U. Pathways of glycolate conversion in plants // Biol. Rundschau. 1989. B. 27. N 3. S. 137-144.

Igamberdiev A.U. Organization of biosystems: A semiotic approach // Biosemiotics. The Semiotic Web 1991 / Th. A. Sebeok and J.Umiker-Sebeok, eds: Berlin: Mouton de Gruyter, 1992. P. 125-144.

Igamberdiev A.U. Quantum mechanical pr oper ti es of biosystems: A framework for complexity, structural stability and transformations // BioSystems. 1993. Vol.31. No 1. P. 65-73.

Igamberdiev A.U. The role of metabolic transformations in generation of biological order // Biology Forum (Rivista di Biologia). 1994. Vol. 87, No 1. P. 19-38.

Kauffman S.A. Autocatalytic sets of proteins // J. Theor. Biol. 1986. Vol. 119. No 1. P. 1-24.

Kauffman S. A., Smith R.G. Adaptive automata based on Darwinian selection // Physica. 1986. Vol. D22. No 1. P. 68-82.

Kleczkowski L.A., Edwards G.E. Identification of hydroxypyruvate and glyoxylate reductases in maize leaves // Plant Physiol. 1989. Vol. 91. P. 278-286.

Lacan J. Ecrits. Paris: Seuil, 1971.

Lambers H. Respiration of intact plants and tissues // Encyclopedia of Plant Physiology. Vol. 18. Berlin: Springer, 1985. P. 418-473.

Lefebvre V.A. The Fundamental Structures of Human Reflexion. N.- Y.: Peter Lang Publ., 1990.

Li Y.-X., Goldbeter A. Oscillatory isozymes as the simplest model for coupled biochemical oscillations // J. Theor. Biol. 1989. Vol. 152. No 1. P. 81-94.

Matsuno K. The uncertainty principle as an evolutionary engine // BioSystems. 1992. Vol. 27. P. 63-76.

Matsuno K. Semantic commitments as a mode of non-programmable computation in the brain // BioSystems. 1993. Vol. 27. P.235-239.

Matsuno K., Lu J. Capacity of making choices in the brain and its quantitative evaluation: an application to comprehension of incomplete sentences and semantic commitments // BioSystems. 1991. Vol. 25. P. 213-218.

McNulty A.K., Cummins W.R. Alternate pathway respiration in arctic plants // Plant Physiol. 1987. Vol. 83. No 4 Suppl. P. 69.

Musgrave M.E., Strain B.A., Siedow J.N. Response of two pea hybrids to CO_2 enrichment: a test of the energy overflow hypothesis for alternative respiration // Proc. Nat. Acad. Sci USA. 1986. Vol. 83. No 21. P. 8157-8161.

Odell G.M., Oster S., Alberch P., Burnside B. The mechanical basis of morphogenesis. I. Epithelial folding and invagination // Develop. Biol. 1981. Vol.85. P. 446-462.

Pattee H.H. The problem of biological hierarchy // Towards a theoretical biology. Vol. 3. Drafts. Edinburgh Univ. Press, 1970. P. 117-136.

Pattee H.H. The measurement problem in artificial world models // BioSystems. 1989. Vol. 23. P. 281-290.

Peirce Ch.S. Collected papers. Vols 1-8. Cambridge: Harvard University Press, 1935-1958.

Popp F.A. Coherent photon storage of biological systems // Electromagnetic Bio-Information. München: Urban & Schwarzenberg, 1989. P. 144-167.

Reggia J.A., Armentrout S.L., Chou H.-H., Peng Y. Simple systems that exhibit self-directed replication // Science. 1993. Vol. 259. P. 1282-1287.

Ricard J. Dynamics of multi-enzyme reactions, cell growth and perception of ionic signals from the external milieu // J. Theor. Biol. 1987. Vol. 128. P.253-278.

Ricard J., Kellershohn N., Milliert G. Dynamic aspects of long-distance functional interactions between membrane-bound enzymes // J. Theor. Biol. 1992. Vol. 156. P. 1-40.

Rosen R. A quantum theoretic approach to genetic problems // Bull. Math. Biophys. 1960. Vol. 22. No 2. P. 227-255.

Rosen R. On an empirical method for identifying the observables involved in dynamical interactions // Bull. Math. Biol. 1977a. Vol.39. No 2. P. 239-244.

Rosen R. Observation and biological systems // Bull. Math. Biol. 1977b. Vol. 39. No 5. P. 663-678.

Rosen R. The generation and recognition of patterns in biological system // Lecture notes in biomathematics. Vol. 18. Mathematics and the life sciences. Springer-Verlag, 1977c. P. 221-341.

Rosen R. Feedforwards and global systems failure: a general mechanism for senescence // J. Theor. Biol. 1978. Vol. 74. No 4. P. 579-590.

Rosen R. Bifurcations and biological observables // Ann. N.-Y. Acad. Sci. 1979. Vol. 316. P. 178-187.

Ruth B. Experimental investigations on ultraweak photon emission // Electromagnetic Bio-Information. München: Urban & Schwarzenberg, 1989. P. 128-143.

Savageau M.A. Biochemical systems analysis: a study of function and design in molecular biology. Massachussets: Addison-Westley, 1986.

Schnarrenberger C. Characterization and compartmentation in green leaves of hexokinases with different specification for glucose, fructose and mannose and for nucleoside triphosphates // Planta. 1990. Vol. 181. No 2. P. 249-255.

Selkov E. E. Stabilization of energy charge oscillations and multiplicity of stationary states in energy metabolism as a result of purely stoichiometric regulation // Eur. J. Biochem. 1975. Vol. 59. No 1. P. 151-160.

Somogyi B., Welch G.R., Damjanovich S. The dynamic basis of energy transd uction in enzymes // Biochim. et Biophys. Acta. 1984. Vol. 768 (BR 12). No 2. P.81-112.

Stapp H. Bell's theorem and the foundations of quantum physics // Amer. J. Phys. 1985a. Vol. 53. No 4. P. 306-317.

Stapp H. Consciousness and values in the quantum universe // Found. Phys. 1985b. Vol. 15. No 1. P. 35-47.

Thompson d' Arcy W. On growth and form. Cambridge, 1917. 793 p.

Thorntweight C.W. Operations research in agriculture // J. Operat. Res. Soc. Amer. 1953. Vol. 1. No 2. P. 33-38.

Tomchuk P.M., Procenko N.A., Krasnogolovets V.V. Quantum mechanical descriptions of proton transfer in biopolymers containing hydrogen bounded chains // Biochim. et Biophys. Acta. 1985. Vol. 807 (B71). No 3. P. 272-280.

Toyozawa Y. The irreversibility inherent in quantum mechanics // J. Phys. Soc. Jap. 1989. Vol. 58. No 7. P. 2215-2218.

Uexkull J. von. Umwelt und Innenwelt der Tiere. Berlin. 1909.

Vaughn K.S. Structural and cytochemical characterization of three specialized peroxisome types in soybean // Physiol. Plantarum. 1985. Vol. 64. No 1. P. 1-12.

Warshel A. Dynamics of enzymatic reactions // Proc. Nat. Acad. Sci. USA. 1984. Vol. 81. No 1. P. 444-448.

www.ingramcontent.com/pod-product-compliance
Lightning Source LLC
Chambersburg PA
CBHW032015170526
45157CB00002B/715